육아 플래너

Planning Parenting

초판 1쇄 발행 2010년 8월 25일
개정판 1쇄 발행 2014년 8월 1일

지은이 | 조 윌트샤이어
엮은이 | 베이비뉴스 편집국
옮긴이 | 안진이 · 이고은

펴낸이 | 김명숙
펴낸곳 | 나무발전소
기획 · 편집 | 김영애
디자인 | 이명재

등록 | 2009년 5월 8일(제313-2009-98호)
주소 | 서울시 마포구 합정동 358-3 서정빌딩 7층
이메일 | tpowerstation@hanmail.net
전화 | 02)333-1962
팩시밀리 | 02)333-1961

ISBN 979-11-951640-3-5 13590

＊책값은 뒤표지에 있습니다.

육아 플래너
Planning Parenting

조 윌트샤이어 지음 | 베이비뉴스 편집부 엮음

지은이 ★ 조 월트샤이어

영국 작가이자 저널리스트, 두 아이의 엄마다. 메일 언 선데이(Mail on Sunday)에서 인터뷰 기사와 칼럼을 작성하는 기자로 활동했다. 까다롭고 변덕스러운 유명 인사들과 인터뷰를 진행하며 발휘한 사람 다루는 기술을 육아문제에 적용한 육아서를 집필하여 유명인사가 되었다. 《육아 플래너》외에도 《아기를 위한 배변 훈련》, 《아기를 위한 잠자기 훈련》 등의 여러 육아 관련 서적을 저술했다.

엮은이 ★ 베이비뉴스 편집국

베이비뉴스(www.ibabynews.com)는 2010년 9월 창간한 대한민국 최초 육아신문이다. 아이 낳고 기르기 좋은 세상을 만들자는 창간정신 아래 인터넷신문과 종이신문을 동시에 발간하고 있다. '유모차는 가고 싶다' 영유아 보행권 캠페인과 '카시트는 아이의 생명입니다' 어린이 안전 캠페인을 적극적으로 펼치는 등 행복한 사회 환경을 만드는데 중점을 두고 있다. 임산부, 아동, 노인 등 360여명의 피해자를 낸 가습기살균제 피해사건을 수년간추적 보도해 국회 관련 법 제정, 피해자에 대한 정부 지원을 이끌어 냈다. 또한 임산부와 육아맘을 위한 육아교실인 맘스클래스(Mom's Class)를 매월 4~5회 개최해 아이를 키우는데 실질적인 정보를 전하는 활동을 병행하고 있다. '완벽한' 부모가 되려고 애쓰는 이 시대 아빠, 엄마를 돕기 위해 육아 플래너 '한국판' 작업에 참여했다.

옮긴이 ★ 안진이

서울대학교 미술대학 서양화과 대학원에서 미술이론을 전공하고 현재 전문 번역가로 활동하고 있다. 옮긴 책으로 《영혼의 순례자 반 고흐》, 《헤르만 헤르츠버거의 건축 수업》, 《스트레스에 짓눌린 아이들》, 《정리 플래너》, 《세일럼의 마녀와 사라진 책》, 《페리고르의 중매쟁이》 등이 있다.

옮긴이 ★ 이고은

연세대학교와 서강대학교에서 생화학과 생명과학을 공부했다. 아이와 엄마를 위한 다양한 책을 기획·번역하고 있다. 옮긴 책으로는 《365 창의력 그리기 대백과》가 있다.

아이들은 자라고 시간은 지나간다,
행운이 있기를!

마음 같아서는 요리 전문가처럼 아이에게 최고의 음식을 해주고 싶고, 육아책 작가처럼 완벽하게 움직이고, 아동 심리 전문가처럼 아이의 말에 귀를 기울이고 싶다. 하지만 현실 속에서는 반찬 하나도 겨우 해주고, 잠도 간신히 재우고, 그 죄책감에 물질적 보상을 선택하는 부모들, 이 책은 그런 부모들을 위한 조언을 담고 있다.

그렇다고 해서 형편없는 부모가 되어도 좋다는 뜻은 아니다. 요령 있게 아이를 키우는 부모가 되자는 것이다. 머리를 써서 일을 쉽게 하면서도 아이를 안전하게 보호하고, 제대로 돌보고, 사랑을 듬뿍 주는 방법을 찾아보자는 것이다. 이 책은 아이가 첫 걸음마를 떼놓을 때부터 학교에 들어가기 전까지의 기간을 다루고 있다. 너나없이 '완벽한' 부모가 되려고 애쓰는 오늘날의 엄마와 아빠들이 죄책감에 시달리지 않고 아이를 잘 키우도록 해주는 것이 이 책의 목표이다.

뱃살이 하나도 없는 미끈한 몸매에다 이유식용 푸드프로세서로 무장한 '이상적인' 엄마는 잊어버리자. 현장에서 뛰는 부모들에게는 쉽고 간편한 해결책이 필요하다. 신선한 채소를 갈아서 이유식을 만들지 못했다고? 그렇다면 냉동실에 있는 음식 중에 배고픈 아이에게 줄만한 영양가 높은 음식은 뭘까? 꽉 막힌 도로 위, 차 안에서 두 아이가 심심하다며 소리를 지르고 보챌 때는? 아이들을 달래는 마법 같은 해결책이 혹시 없을까?

요즘 부모들에게는 육아책 읽기가 필수로 자리 잡은 듯하다. 전통 육아법에 대한 책부터 베이비 위스퍼, 요가, 마사지, 영재로 키우기에 대한 두꺼운 책까지. 하지만 대다수 평범한 부모들에게 이런 책들은 스스로의 무능력을 절감하게 하고 스트레스와 죄책감만 잔뜩 안겨준다.

나는 부모들이 이론은 충분히 알고 있다고 생각한다. 그래서 이 책에서는 실생활과 관련된 생생한 이야기를 중심에 놓았다. 직접 아이를 보면서 산전수전 다 겪은 선배 부모들의 조언과 에피소드를 풍부하게 수록하려고 노력했다.

이 책은 뻔뻔할 정도로 솔직한 시선으로 우리 시대의 육아에 관해 이야기한다. 성실히 아이를 키우려 하지만 몸과 마음이 너무나 고달

픈 우리 시대의 부모들을 위해 쓴 책이니까. 육아법을 일일이 설명하기보다는 실제 부모들의 목소리를 담아내고, 우리와 우리의 어린 아이들이 모두 즐겁게 살아갈 수 있는 현실적인 방법을 탐색하고자 했다.(그리고 꼬마 독재자와 함께 살면서 최대한 스트레스를 줄이는 방법도)

나에게는 네 살짜리 딸 에비가 있다. 에비는 이 책에 나오는 에피소드의 주인공 중 한 명이다. 에비와 에비의 친구들, 사촌들을 비롯한 수많은 아이들의 에피소드를 통해 세상 모든 부모들의 어려움이 생생하게 전달되기를 바란다. 아, 지금은 에비의 남동생 찰리도 세상에 나와 있다. 마침 '동생 맞이할 준비하기' 부분을 집필하는 시점에 태어나서 적잖은 도움이 되었다.

입이 까다로운 아이, 자기중심적으로 행동하는 아이, 치킨 너겟에 중독된 아이, 변기 사용법을 좀처럼 익히지 못하는 오줌싸개 아이, 유모차 타기를 거부하는 아이, 밤에 난리를 피우는 아이……. 우리의 사랑스러운 아이들이 보여주는 각양각색의 모습을 있는 그대로 받아들이면서 신속하고 현실적인 해결책을 찾아보자. 유머감각을 잃지 않고, 드라마를 보면서 차를 한 잔 마실 여유도 가지면서, 행운이 있기를!

조 월트샤이어

차례

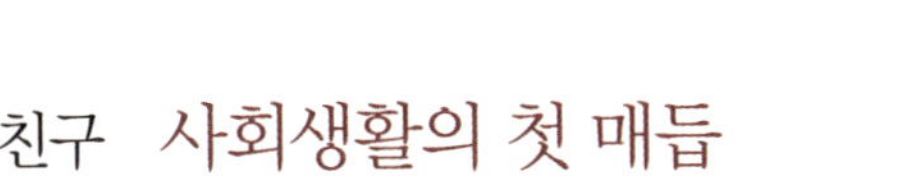

Part 01
수면

당신만 잠을 못 자서
힘든 게 아니다

● 아이가 잠을
안 잔다면
부모와 아이
모두 끝이다

임신했을 때도 벌벌 떨면서 걱정하고, 출산하고 나서도 가장 신경을 많이 쓰는 일이 바로 잠 재우기이다. 잘 자고 잘 먹는 아이만큼 부모를 행복하게 만드는 아이도 없다. 게다가 밤에 잘 자는 아이가 키도 큰다는 풍문 때문에 밤에 잘 자는 아이는 부모의 기대와 사랑을 한껏 부풀려 놓는다.

잠이 보약이란 말처럼 부모도 잘 자야 아이를 돌보는 일이 훨씬 수월해지는데 그 반대인 경우도 많다. 새벽 1시가 되도록 눈을 초롱초롱하게 뜨고 '나랑 좀 놀아주세요.' 라는 신호를 보내면 미치고 환장할 노릇이 된다. 그렇게 밤낮을 바꾸어 생활하다가 좀 크면 평일과 휴일을 바꿔버린다. 평일에는 일찍 일어나고 휴일에는 늦잠을 자는 부모처럼 자면 좋을텐데 마치 약속이라도 한듯 휴일에는 일찍 일어나 부모를 깨운다. 아이가 열 살이 넘어서 이불 속에서 좀처럼 나오지 않는 녀석들로 마술처럼 변하기 전까지 대부분의 부모들은 잠 때문에 골머리를 앓는다.

육아 때문에 좌절과 분노와 의구심 사이에서 갈팡질팡하다가 마침내는 집 지하에다 땅굴이라도 파고 들어앉아 버리고 싶어질 때가 누구나 다 한두 번 있다. 아이의 잠은 부모들을 이렇게 만드는 대표적인 요인이다. 그런 의미에서 아이 재우기가 이 책의 시작으로 좋을 것이다. 태어난 지 5주 된 아기든, 다섯 살짜리 아이든 부모의 고충은 다르지 않다. 잠을 못 자는 아이가 있으면 온 가족이 인질로 잡히고 만다. 육아의 여러 가지 문제 중에서도 수면과 관련된 문제가 특히 심각한 이유는 부모의 건강과 업무 능력에 직접적인 영향을 미치기 때문이다.

만약 아이가 채소를 안 먹는다면 먹게 할 방법이 있다. 채소를 소스 속에 숨기거나 과일을 대신 먹이면 된다. 그러고 나면 부모는 상쾌한 마음으로 차를 한 잔 할 수도 있다. 하지만 아이가 잠을 안 잔다면 그걸로 끝이다. 아이와 부모 모두 끝이다. 아이는 엉엉 울고, 부모는 이불을 질겅질겅 씹어댄다. '아이의 잠' 이라는 제비뽑기에서 나쁜 패를 뽑았다고나 할까?

나만 운이 나쁘다는 느낌이 들기도 한다. 다른 부모들과 대화를 나누는 도중 누군가가 이런 식으로 이야기할 때는 특히 더 그렇다.
"저는 진짜 운이 좋아요. 우리 아이는 정말 잘 자거든요. 하루 두 번씩 꼬박꼬박 낮잠도 자요. 저는 그 동안 청소기도 돌리고, 회사 서류도 정리하고, 식사 준비도 해요. 저녁에도 정확히 7시만 되면 잠들어서 12시간 동안 내리 자요."

하지만 우리의 현실은 그렇지 않다. 아이가 매일이 아니라 이틀에 한 번 꼴로 차에 태우고 돌아다녀야 겨우 낮잠을 10분 남짓 잔다든가, 밤 11시를 넘겨 잠들었는데 40분 간격으로 계속 깨다가 새벽 6시면 완전히 깬다든지 하는 경우도 흔하다.

엄마는 완전 절망해서 도와줄 사람을 찾고, 여러 가지 충고를 듣게 된다. 이 문제에 관해서라면 수많은 ‘전문가’들이 언제든지 도움을 주려고 대기하고 있다. "수면 훈련을 해야지!" 누군가가 소리친다. "맞아, 습관을 들여야 해!" 다른 사람이 맞장구를 친다. "가족이 다 같이 자고, 꼭 안아주면 좋다더라!"라고 또 다른 사람이 충고한다. 그러면 부모는 곧이곧대로 따라야 한다는 압박감을 느낀다. 한두 가지 방법을 택해서 시도를 해보지만, 결국에는 지칠 뿐 아니라 완전히 자신감을 잃고 만다.

기막히게 잘 자는 아이의 엄마는 내심 기뻐하며 동정의 말을 한다. "저런, 정말 힘들겠네요. 잘 자는 애들도 있고, 음…… 그렇지 않은 애들도 있나 봐요. 어쩔 수 없잖아요?"

이런! 세상에는 유난히 잘 자는 아이들도 있지만 그 얘기를 듣자고 한 건 아니지. 아이를 변화시키는 방법은 분명 있을 것이다. 하지만 아이가 밤새 열반에 든 것처럼 고이 자게 하는 방법을 알려주는 책은 이 세상에 없다. 아이도 한 명의 인격체이므로 우리 아이에게 맞는 방법을 찾아내야 한다. 괜찮은 방법이 생각보다 많이 있으니 포기하지 말고 잠을 편하게 잘 수 있는 길을 찾아보자.

● 아이의 수면 성향을 파악하라

    먼저 목표를 정해야 한다. 현재 상황에서 무엇이 가장 중요한가? 이웃과 차를 마시는 동안 아이가 낮잠을 한두 시간 자는 것? 아니면 여유 있는 저녁 시간을 보내기 위해 아이가 일찍 잠자리에 드는 것? 아니면 취침시간이 늦어지더라도 가족이 모두 한 침대에서 함께 자고 함께 일어나길 원하는가? 잠에 관한 한 장밋빛 기대는 버리는 게 좋다. 수천 수만 명의 보이지 않는 전문가들이 좋다고 말하는 것이 아니라, 당신이 정말로 원하는 딱 한 가지 목표를 정해야 한다. 목표가 정해지면 나머지 방법들도 서서히 실마리를 찾게 된다.

    목표가 정해졌다면 그 다음에 할 일은 아이의 성향을 파악하는 것이다. 아이가 무엇을 좋아하고 무엇을 싫어하는지, 어떤 때 흥분하고 어떻게 해주면 잠이 드는지를 관찰하라. 아이가 어떤 경우에 쉽게 잠이 드는지를 모르는 부모는 의외로 많다. 놀이동산에서 하루 종일 신나게 놀았을 때 같은 특별한 경우를 제외하고 당신의 아이는 어떤 하루를 보냈을 때 가장 쉽게 잠이 드는지 알고 있는가? 아이가 10여 분만에 쉽게 꿈나라로 갈 때는 무엇이 달랐는지 곰곰이 생각해 보면 알 수 있다.

네 살 아치와 두 살 샬롯을 키우고 있는 엄마 조는 이런 말을 한다. "첫 아이가 태어나면 엄마들은 아이가 잠들 때까지 옆에서 지켜보고 싶어 해요. 엄마가 없으면 못 잘 것 같아서 노래를 불러주고, 젖을 주고, 안아서 흔들어주고, 얼굴을 쓰다듬고, 딸랑이도 흔들어주죠. 그러다가 문득, 내가 왜 한 시간도 넘게 이러고 있나 생각해요. 정작 필요한 건 아이 혼자 잠드는 훈련을 시키는 건데 말이에요. 우리 큰애는 12주 때부터 혼자 잠드는 훈련을 시켰는데 딱 이틀 걸렸답니다. 둘째는 더 쉬웠어요. 자려는 아이 옆에 오래 있지 않았더니 아이가 금방 적응해서 혼자 잠들더라고요."

일반적으로 부모들은 아이를 재워주려고 애쓴다. 애쓰다가 자신의 노력에 아이가 부응하지 않고 두어 시간만 버둥대면 인내심의 한계를 드러낸다. 왜 굳이 재워주려고 애쓰는가? 스스로 잠들 수 있는 능력을 갖고 태어났지만 부모의 지극한 사랑이 그 능력을 태어난 지 일주일 만에 없애버리는지도 모른다. 책을 읽어주고 자장가를 불러주고 만져주는 일을 시작한 건 부모인데 그것을 안 받아들이는 아이에게 짜증을 내고 있는 건 아닐까?

갓난아기가 잠을 잘 자게 되는 시점에 대해서는 의견이 분분하다. 어떤 사람들은 아이가 고형식을 먹을 때가 되면 밤에 깨지 않고 잘 잔다고 이야기한다. 그런가 하면 기어 다닐 때, 걸을 때, 어린이집에 갈 때라는 의견들도 있다. 좌우간 그 때가 오기 전까지는 아이에게 맞춰서 타협점을 찾아야 한다. 그리고 사랑에서 우러나온 것일지라도 간섭을 너무 많이 하면 결과가 좋지 않다는 것을 알아야 한다.

일반적으로 부모들이 말하는 아이를 쉽게 재우는 요령으로는 다음과 같은 것들이 있다. 아이를 키워본 부모들이 저마다 내놓는 방법이므로 어떤 방법이든 내 아이에게 맞지 않는다면 거리낌 없이 포기해야 한다.

아이를 쉽게 재우는 요령

- 아이가 잠들기 전에 자리에 눕혀라. 부모가 안아주고 흔들어주고 노래를 불러주어야만 잠드는 아이가 되면 곤란하다.
- 목욕, 수유, 재우기를 매일 똑같은 순서로 반복하자. 자기 전에 일정 패턴의 반복이 시작되면 아이도 곧 자야 한다는 생각으로 준비에 들어간다. 그렇다고 그걸 절대불변의 법칙으로 삼지는 마라. 가족 행사가 있다거나 하는 날은 예외로 하는 융통성 정도는 있어야 한다.
- 아무 소리도 내지 않으려고 아이 주위를 살금살금 돌아다니지 마라. 그랬다간 아이가 잘 때 부모가 아무 일도 못하게 되는 수가 있다. 진

공청소기나 TV, 세탁기에서 나는 소리처럼 낮게 윙윙대는 소리를 틀어놓아 보자. 아기가 아주 조용한 상태에서만 자는 습관이 든 상태라면 처음에는 윙윙대는 소리를 아주 작게 틀다가 며칠에 걸쳐서 점점 크게 하는 게 좋다. 세탁기 소리와 같은 '백색소음'(white noise)을 녹음해서 아이 방에 틀어줘도 된다. 백색소음이란 진공청소기 소리나 파도소리 빗소리처럼 일정한 패턴을 가지고 반복되는 넓은 주파수의 소음이다. 이는 그저 의미없는 소음으로 인식되기 때문에 현재 하고 있는 일을 방해하지 않는다. 백색소음은 시중에서 CD로 구입할 수도 있다.

● 암막 커튼을 이용해 보자. 나는 개인적으로 암막 커튼을 아주 좋아해서 우리 침실에도 달아놓고 지낸다. 내 딸 에비는 암막 커튼을 치면 평소보다 길게 자고 밤이 짧은 여름에도 잘 잔다. 우리가 휴가를 가거나 해서 커튼을 치지 못하면 에비의 수면 시간은 눈에 띄게 짧아진다.

● 고무젖꼭지도 유용하다. 고무젖꼭지를 쓰기로 마음먹었다면 두려워하지 말고 팍팍 써라. 뻐드렁니를 걱정하는 엄마들도 있는데 치과의사들은 영구치가 나는 6세 이전까지는 고무젖꼭지 때문에 뻐드렁니가 되지는 않는다고 말한다.

● 담요나 곰인형처럼 푹신한 소품들은 아이가 태어나기 전에 엄마가 직접 고르는 게 좋다. 아기가 6개월이 되기 전에 침대나 요람에 놓아주고 정을 붙이게 하자. 세탁하기 쉽고 교체가 가능하며 지나치게 크지 않은 소품을 선택해야 한다. 지저분한 주방용 행주나 불결한 천 조각에 집착하지 않게 하려면 아기가 끌어안고 지내는 소품을

2~3개 준비해 두고 하나씩 번갈아 세탁하자. 그렇지 않으면 아기가 깨끗한 소품을 거부하고 냄새나는 지저분한 것을 달라고 울어댈 것이다.

● 아이가 아직 어려서 밤중 수유를 하는 기간에는 부부가 시간을 정해 교대 수면을 하는 것도 한 방법이다. 적어도 잠 때문에 부부싸움 하는 일은 줄어든다.

● 수유를 하거나 아이를 보러 들어갈 때 아이가 놀라지 않게 하려면 암실용 빨간 등이나 취침 조명을 사용하는 것이 좋다.

● 아기용 슬리핑 백을 강력 추천하는 사람들도 있다. 내 딸 에비는 슬리핑백을 정말 좋아했다. 커버가 없어서 엉키지 않고, 발을 따뜻하게 감싸주니까. 슬리핑 백은 보냉형으로 외출할 때 겉싸개 대용으로 쓸 수 있어 쓰임새가 다양하다. 하지만 적응 못하고 불편해 하는 아이도 있으니까 절대적인 것은 아니다.

● 시트나 베개커버 한 장을 더 마련해서 아기침대 매트리스 위쪽 절반을 덮어두자. 엉망이 된 침구를 재빨리 걷어내고 깨끗한 시트로 바로 갈아줄 수 있다.

● 젖냄새가 나는 엄마의 잠옷이나 빨지 않은 티셔츠를 아기침대에 같이 두면 아이가 편안하게 잔다고도 한다.

● 따로 재우고 싶다면 아이방부터 꾸미자

때가 되면 부모는 바람직하고 이상적인 수면과 아이에게 맞는 현실적인 해결책 사이에서 타협점을 찾게 된다. 한동안 그런 상태로 위태위태하게 가다가 아기침대를 벗어나는 시점이 온다. 그러고 나면 다시 시작해야 한다.

조금 큰 아이와 유치원에 다니는 아이를 재울 때는 완전히 새로운 문제들이 생긴다. 기저귀와 오줌 싼 침대에 관해서는 배변 훈련 부분에서 다루기로 하자. 남은 문제들은 크게 두 가지로 나뉜다. 아이가 잠자리를 벗어나지 않게 하는 것, 그리고 새벽 5시에 깨어나서 배고프다고 보채지 않게 하는 것.

자기 방에서 혼자 자던 아이가 방에서 나오지 않게 하려면 처음 아기침대에서 재우던 때와 마찬가지로 '단호하지만 조심스럽게' 접근해야 한다. 우선 분위기를 조성해야 한다. '큰 형님이나 예쁜 언니의 방'에 대한 이야기를 들려주고, 새 침대가 생긴다는 기대감에 들뜨게 해주면 좋다. 새 가구 몇 가지는 아이가 직접 고르게 하면 효과가 더 커질 수도 있다.

새로 구입하는 침대는 성인용 싱글 침대보다는 아동침대가 좋다. 값이 더 비쌀지는 모르지만 몸집이 작은 아이에게는 훨씬 편하다. 그리고 일주일 정도는 원래 쓰던 아기침대와 새 침대를 방안에 같이 두고 아이로 하여금 둘 중 하나를 선택하게 해보자. 내가 에비에게 이런 방법을 썼는데, 에비는 이틀 밤을 자고 나서 아동침대로 갔다. 그 이후로 아기침대는 거들떠보지도 않았다.

동생이 태어날 예정이어서 아이를 아기침대에서 새 침대로 옮겨야 한다면 미리미리 움직이는 편이 좋다. 지금 두 살인 샬롯이 태어날 때 쯤 되자 조 부부는 두 돌을 갓 넘긴 큰 아이 아치를 새 침대로 보내야 했다. 조 부부는 샬롯이 태어나기 훨씬 이전부터 아기침대는 아치의 것이 아니라는 훈육을 했고 아치는 잘 받아들였다. 아치는 쫓겨나듯 새로운 방으로 가지 않아도 되었다.

몰리(4세)의 엄마 제스는 아이를 침대로 옮길 때 걱정이 이만저만이 아니었다. 조금이라도 편안하게 만들어주려고 아기침대의 나무 기둥에다 시트를 칭칭 감느라 몇 시간을 보내기도 했다. 하지만 실제로 옮기고 보니 아이들은 조금도 힘들어하지 않고 잘 적응해 부모를 머쓱하게 만들었다. 제스는 부딪혀보지도 않고 너무 많이 걱정하지 말라고 충고한다.

따로 재우기에 성공하려면 새로운 방을 아이의 마음에 들도록 꾸며주는 게 포인트다. 금전적 여유가 있다면 신기한 경주용 차 모양의 아동침대나 캐노피가 달린 공주풍 침대를 장만하고, 비용을 적게 들이고 싶으면 알록달록한 바닥 깔개와 새 조명등을 달아주자. 제스는 몰리가 아주 어렸을 때부터 음악이 나오는 어항 모양 야간등을 켜고 재웠다. 몰리는 항상 똑같은 자장가를 들으면서 잤는데 좀 크니까 잠에서 깰 때면 자기가 직접 음악을 틀고 다시 잠을 청했다고 한다.

아이들이 밤에 무서워하지 않게 하려면 빛을 발하는 작은 소품을 벽에 달아놓는다. 아이의 방에 색색의 장식용 꼬마전구(아이들이 만져도 뜨겁지 않은 안전한 제품)를 달아주면 아늑한 동굴 같은 분위기가 나고, 천장에 야광별을 붙이면 마치 우주비행사가 된 듯한 분위기가 날 것이다. 아이가 어느 정도 크면 어린이용 손전등을 주거나 시중에 나와 있는 특별한 야간용 조명을 활용해도 좋다.

아이 방문을 닫고 따로 재울 때에는 단호한 태도를 취해야 한다. 부모가 둘 다 일관된 모습을 보여야 한다. 아이가 한쪽에 매달리지 않게끔 둘이 번갈아 잠자리를 봐주는 것이 좋다. 그리고 예민한 아이를 혼자 재울 때는 마음을 편안하게 해주는 장치를 마련해야 한다.

잠이 오지 않는다고 불평하는 아이들에게는 손수건에 라벤더오일을 몇 방울 떨어뜨려서 베개 가까이에 두면 좋다. 라벤더가 들어 있는 인형을 껴안고 자도록 해도 된다.

나의 친정 엄마 애니는 머릿속에 그림을 그리는 방법을 추천한다. 엄마는 나를 기르면서 이 방법을 터득하셨고 지금은 내 딸 에비에게도 같은 방법을 쓰고 있다. 어린 아이를 가만히 껴안고 머릿속으로 같이 그림을 그려보자. 아이는 그림에다 '나무 위에 앉은 새'라든가 '호숫가의 요정' 같은 걸 하나씩 덧붙이다가 스르르 잠이 들 것이다.

아이들은 온도가 조금만 바뀌거나 이불이 뒤집혀져 있어도 깰 수 있다. 깰 때마다 아이 방으로 달려가지 않으려면 재울 때 옷을 든든히 입히자. 그리고 미안한 마음에 자꾸 왔다갔다하면서 아이를 뒤척이게 만들지 말라. 잠자리에 들면 엄마도 잠자는 시간이고 아침까지는 혼자 자야한다는 생각을 가질 수 있도록 도와라. 물론 비상시에는 다르겠지만 아이를 한밤중에 들쳐업고 뛰어야 하는 일은 걱정만큼 잘 일어나지 않는다.

잠들 때까지 옆을 지키는 일도 하지 마라. 아이가 자기가 잠들 때까지 옆에 누워 있으라고 징징대는 것을 10대가 되어서도 받아줄 의향이 있다면 그렇게 하라. 부모가 아이를 꼭 껴안고 자면 보기는 좋지만 아이에게 도움이 되지 않는다. 부모가 곁에 없으면 엉엉 울면서 찾으러 다닐 것이다. 그러다 다시 재우려고 옆에 누웠다가 새우잠으로 아침을 맞이하고 회사는 지각하고 화는 나고 밤이 되면 잠 때문에 또 아이와 전쟁을 치르고……. 이제 그 일을 그만해야 한다.

쌍둥이들이 큰 침대를 쓰게 할 때는 특별한 문제가 생긴다. 예를 들면 잠이 오지 않으니 밖으로 나가자고 서로 부추기고 장난치는 일 말이다. 쌍둥이 에단과 한나(2세)의 엄마 제인은 쌍둥이를 한방에 재우는 일에 반대한다. 한방에 재우면 그만큼 잠자리에 들 때 부모와 실랑이 하는 일도 두 배가 된다. 제인도 처음에는 같이 재우다가 며칠을 꼬박 새는 일을 겪고 나서 각기 다른 방에 재우기 시작했다고 한다. 자기만의 시간을 조금이라도 가지고 싶다면 취침시간을 확실히 정하고 기본적인 규칙들은 지키게 해야 한다. 쌍둥이를 키울 때는 규칙적인 일과가 매우 중요하다.

기막힌 솜씨로 날마다 탈출을 감행하는 아이들에게는 극단적인 처방을 쓸 수도 있다. 예를 들면 쉽게 열지 못하도록 손잡이에 올리브 오일을 발라놓거나 하는 식이다. 부모의 성격에 따라 다르겠지만, 단호하게 대처하면서도 아이들을 침대로 돌려보내는 좋은 방법을 찾아야 한다. 에스메의 아빠 피터는 에스메가 좋아하는 이야기를 녹음해서 잘 때 틀어주었고, 샘의 엄마 엘리스는 펄쩍펄쩍 뛰어다니는 샘을 낮잠을 안 재우고 저녁에 일찍 재워서 시간을 번다. 밤마다 귀에서 괴물이 나온다고 믿는 헤더는 엄마가 괴물을 끄집어내어 마당으로 던지는 시늉을 해야만 잠을 푹 잔다. 잠을 잘 때는 저마다 일정한 의식이 필요한 모양이다.

아이들이 방에서 나오지 않고 잘 자게 되면, 그 다음 문제는 아침이다. 부모들은 더 자고 싶은 시각인데도 아이들은 잠을 깬다. 요즘 에비는 아침마다 온 동네 사람들을 깨울 법한 목소리로 "엄마, 아직 일어날 시간 아니야?"라고 소리 지를 때가 있다.

네 살이 된 몰리의 아빠는 새벽 5시부터 깨워대는 몰리 때문에 라디오 알람시계를 샀다. 라디오에서 음악이 흘러나오면 아침이 되는 거고 그때 일어나면 된다고 몇 번이고 설명해주었다. 몰리는 그것을 하루의 시작으로 인식하자 그때부터 음악이 나오기 전까지는 일어나지 않는다고 한다. 때로는 이른 아침에 몰리가 '노래야, 노래야, 어서 나와라' 라고 혼자 중얼거리는 소리가 들리기도 한단다.

아이가 너무 일찍 깬다면 몰리 아빠와 같은 방법을 써보자. 일정한 시각이 되면 불이 켜지는 조명을 다는 것이다. 예약 시간을 아침 몇 시에 맞춰놓고 불이 켜지기 전에는 침대에서 나오면 안 된다는 규칙을 정한다. 아이가 그 전에 깨면 혼자 조용히 놀거나 책을 읽기로 약속한다. 영리한 부모라면 주말 아침이면 예약시간을 늦춰놓는 센스도 있을 것이다. 조명과 마찬가지로 예약된 시각에 라디오가 켜지는 알람시계까지 함께 쓴다면 더욱 효과적일 것이다.

당신만 잠을 못 자서 힘든 게 아니다. 모든 부모들이 더 자고 싶어 한다. 앞으로도 아이들은 부모가 원하는 만큼 오랫동안 잠을 자지 않을 것이다. 사춘기가 되어서 며칠씩 자기 방에 틀어박히기 전까지는.

그러니 당분간은 기본적인 규칙을 정해두고 아이들이 잘 때 과감히 같이 잔다거나, 틈틈이 낮잠을 잔다거나 하면서 각자의 상황에 맞는 지혜를 발휘해야 할 것이다.

쌍둥이, 한 침대에 재우는 것이 좋을까?
함께 재우는 것이 아기들 성장 발달에 좋아

하나 더하기 하나는 둘일까? 많은 사람들은 그렇게 말할 것이다. 그러나 쌍둥이 엄마는 고개를 갸웃거릴 것이다. 쌍둥이를 키워보니 두 배의 노력이 아니라 세 배, 혹은 네 배, 다섯 배까지도 더 힘들다는 것을 체험했기 때문이다.

육체적으로는 두 배가 힘들다는 말이 맞을 수도 있지만 신경을 써야 하는 부분에 이르면 훨씬 더 복잡해진다. 아기들의 잠자리 문제도 그 중의 하나다. 쌍둥이를 가진 엄마는 침대를 두 개 사야할까 아니면 하나를 사야할까 고민하게 된다.

하나 사서 둘이 함께 재우면 한 애가 깨면 다른 애도 덩달아 깨어서 수면 부족을 가져올 것 같다. 침대를 두 개 사서 따로 재우면 뱃속에서부터 함께 자라왔는데 갑자기 세상에 나와서 분리시켜 놓아 정신적으로도 문제가 있을 것 같다.

전문의이자 하와이대학 최고 영예상까지 수상한 미쉘 하카카는 "아기가 태어나서 몇 개월 동안은 한 침대에 함께 재워야 한다"며 "쌍둥이는 함께 재워야 한다"고 강조한다.

산부인과에서 태어난 쌍둥이들은 분리되지 않고 한 공간에 눕혀 놓는 경우가 많다. 아기를 함께 재우는 첫째 이유는 결속감이다. 두 아기는 함께 있으면서 우리가 모르는 서로간의 긴밀한 결속감을 키워나가게 된다.

함께 눕혀 놓을 때 아기는 더 편안해 한다. 거의 1년 가까이 가까이 지내온 느낌을 태어나서도 지속하고 싶어 하는 것이다. 함께 눕히면 아기는 더 깊은 잠을 들게 된다. 실제로 함께 재우는 아이들은 더 오래 잠을 자게 된다.

또한 행동도 더 얌전해진다. 먹는 것도 더 많이 먹고 더 건강한 모습을 보이게 된다.

아기가 6개월에 접어들거나 혹은 그 전에라도 움직이기 시작하면 분리시키는 것이 바람직하다. 서로 방해가 되지 않게 하기 위해서 좋은 방법이고 돌연사 방지에도 도움이 된다.

아기 침대는 쌍둥이용으로 만들어진 특수 침대가 바람직하다. 이 침대는 중앙 분리기 착탈이 가능해 필요한 시간에는 함께하게 하고 재울 때는 다시 막아 놓으면 된다.

한편 미국소아과협회는 돌연사를 이유로 처음부터 함께 재우는 것을 권장하지 않는다. 아기들에게 특수한 사항이 있을 수도 있으니까 반드시 전문의와 상의를 하고 결정하는 것이 좋다.

Part 02

음식

부모가 전쟁으로 생각하면
아이도 똑같이 느낀다

● 영양도 챙기면서
만들기 편한
음식도 있다

아이 재우기와 더불어 아이를 낳은 첫날부터 생기는 또 하나의 큰 걱정거리가 있다. 바로 부족한 영양소가 발육을 방해할까 걱정되는 음식영역이다. 이 녀석이 충분히 먹은 걸까? 영양을 제대로 섭취하고 있나? 통계 수치상 내 아이의 몸무게는 정상일까 과체중일까? 채소와 과일을 아직 좋아하지 않는데 어쩌나? 집에서 음식을 만들 때마다 부족한 영양소가 없게끔 온 정성을 다 쏟아 부어도 불안한 마음이 드는 게 엄마다.

음식 앞에서는 모든 아이가 다 똑같다. 바이올린 신동이든 고약한 악동이든, 기저귀를 6개월에 떼었든 6세에 떼었든, 단정하고 깔끔한 아이든 세수하기를 싫어하는 아이든, 편식이 시작되면 엄마에게 '잘못된 식습관'이라는 납덩이를 하나 더 매달아 준다. 아이가 당근을 안 먹겠다고 시위하듯이 앉아 있으면 대개의 부모는 엄청난 짜증과 걱정과 절망을 느낀다.

부모가 밥상머리 전쟁에서 아이를 이기려면 영리해질 필요가 있다. 첫 번째 수칙, 사실 이건 전쟁이 아니라는 사실을 명심해야 한다는 것이다. 정말이다. 부모가 전쟁이라고 생각하면 아이들도 똑같이 느낀다. 전쟁에서는 누구나 이기고 싶어한다. 두 번째 수칙, 만들기 쉽다고 해서 모두 건강에 나쁜 음식은 아니다. 만들기 쉽다는 건 그저 편하다는 뜻이다. 부모의 입장에서 생각해 보자. 날마다 조리방법이 긴 레시피를 따라 임금님 수랏상에나 오를 만한 음식을 새로 만들어 먹인다는 건 바람직한 일이긴 하나 불가능에 가깝다. 그보다는 영양가가 있으면서도 만들기 쉬운 음식을 꾸준히 만들어 먹이는 게 현실적이다.

물론 기계로 찍어낸 똑같은 모양의 치킨너겟이나 튀김보다는 익힌 채소를 곁들여 멋들어지게 만든 가정 요리가 낫다. 그걸 모르는 사람은 없다. 그리고 대부분의 엄마들은 어린 아이에게 최대한 좋은 음식을 골라 먹인다.

하지만 가끔은 위생이 뜻대로만 되지는 않는다. 아이가 배고파하는 간식시간인데 엄마는 방금 집에 들어왔다. 유명 요리연구가도 아닌 엄마가 5분 만에 영양가 있는 음식을 만들어 내려면 어떻게 해야 할까? 그것도 죄책감을 느끼지 않고 말이다. 좋은 음식이란 오랜 시간과 공을 들여 맛과 함께 준비한 사람의 정성을 먹는 것이어야만 하는 것은 아니다. 먹을 때의 기분과 먹고 난 뒤의 영양과 포만감이 골고루 만족되는 것이어야 하지 않을까? 요리는 그 무엇보다 창의력이 필요하다. 게다가 내 멋대로 만들어도 독특하다면 한 번은 시도해 볼만한 기회가 주어지는 것이다. 주방에서 보내는 시간이 적을수록 아이와 함께 보내는 시간이 많다는 점을 잊지 말았으면 한다.

까다로운 엄마들이 외면하는 재료라도 잘만 고르면 급할 때 괜찮은 선택이 될 수 있다. 항산화 성분이 풍부한 유기농 케첩이라든가 빵가루 입힌 유기농 닭가슴살이 대표적이다. 그리고 인공적으로 신선해 보이게 만든 채소보다는 제철에 재배해서 급랭한 냉동 채소가 더 신선하고 영양이 높을 때도 있다.

그렇다. 냉동식품이 다 나쁜 건 아니다. 내 친정 엄마도 이렇게 말한다. "냉동식품이라고 무조건 나쁘다고 생각하지 마라. 아이들에게 생선을 먹게 하고 싶으면 생선 스틱도 좋은 방법이지. 생선을 갈아서 만든 제품 말고 빵가루 입힌 제품을 선택해서 조금씩만 먹인다면 말이야."

그리고 어쩌다 근사한 요리를 만들 때나 그냥 요리가 하고 싶을 때 조금 넉넉하게 만들어 비상식으로 활용하는 것은 매우 유용한 방법이다. 비닐이나 랩으로 둘둘 말지 말고 밀폐도자기 용기에다 음식을 조금씩 덜어서 냉동실에 넣어두면 데울 때의 수고까지 덜 수 있다. 아이에게 줄 즉석 영양식이 될 뿐만 아니라 간식거리를 보채는 아빠들까지도 두 팔 들어 만세를 부를 것이다.

식품 첨가물이나 방부제나 정체 모를 화학물질이 함유되지 않은 요리가 냉동실에서 꺼내 전자레인지에 넣고 돌리기만 하면 탄생한다니 멋지지 않은가? 식품공장을 차릴 기세로 엄청난 양의 음식을 준비하라는 말은 절대 아니다.

좋은 식습관을 키워주고 싶다면 아기 때부터 부모가 먹는 음식 중에 맵지 않은 음식이라면 뭐든지 갈아서 주는 과감함을 발휘하라. 아기가 퓌레를 먹는 데 익숙해지면 작은 덩어리를 남겨서 새로운 질감을 느끼도록 한다. 유아기에 접어든 아이에게는 부모가 먹는 음식을 약간 덜어서 담고 남은 채소를 곁들여 먹인다.

아이가 조금 더 자라면 아이 간식을 만들 때마다 양을 2배로 해서 절반은 얼려놓자. 토마토 소스를 넉넉하게 만들어 얼려두면 활용도가 무척 높다. 소스를 해동시켜서 남자 아이들이 좋아하는 바퀴 모양 파스타 따위에 끼얹어주기만 하면 되니까. 아이가 싫어하는 채소 몇 가지를 소스에다 숨겨 먹일 수도 있으니 일석이조인 셈이다.

말이 나온 김에 채소와 과일 이야기를 해보자. 아이들에게 채소와 과일 먹이기란 정말 힘들기 때문에 엄마들이 창의력을 발휘해야 한다. 다음과 같은 요령을 써보면 어떨까?

● 콩을 안 먹는 아이에게는 너무 맵지 않은 칠리소스에 통조림 콩을 넣어서 콩조림을 해주면 감칠맛 때문에 먹기도 한다.

● 오이나 당근 등의 채소를 스틱 모양으로 잘라서 요구르트에 찍어 먹어보게 하라. 찍는 재미에 아주 조금은 채소 스틱을 먹게 된다.

● 감귤류를 으깨서 얼리면 맛난 여름철 간식이 된다. 어떤 아이들은 아이스크림보다도 얼린 귤을 더 좋아한다.

● 바나나, 사과, 오렌지, 딸기 등을 나무젓가락에 끼워 과일 꼬치를 만들어준다.

● 풍미가 강한 음식을 뜨거운 상태로 먹일 때는 오렌지주스를 약간 넣어보자. 그러면 음식이 자연스레 식으면서 단맛이 난다.

● 채소나 과일 으깬 것으로 젤리를 만들자. 그러면 식품첨가물이 잔뜩 들어간 젤리를 사먹을 필요가 없다.

● 과자나 사탕 대신 유기농 매장에서 구입한 말린 과일에다 떠먹는 요구르트에 섞어서 준다.(우리 에비는 진짜 과일보다 이걸 더 좋아한다.)

● 아침은 좋아하는 것으로
준비해서
간단히 먹여라

신선한 음식을 준비하는 게 꼭 어려운 일만은 아니다. 가령 아침 식사나 간식으로 아이가 좋아하는 잔에 빨대를 꽂아 스무디를 내놓으면 간편하고 재미있게 영양을 섭취할 수 있다. 두유나 우유에 바나나를 넣어서 믹서에 갈기만 하면 된다. 그 밖에 요구르트, 두부, 부드러운 과일, 견과류나 통곡류 등 집에 있는 재료를 자유롭게 추가해서 만들면 맛과 영양이 다채로와진다.

바쁜 아침에 프라이팬을 꺼내 달걀을 부치고 뜨거운 구이나 스프를 끓이는 일이 얼마나 번거로운지는 준비하는 사람만이 안다. 꼭 그렇게 먹여야만 안심이 되는 엄마라면 불평하지 않고 해오던 대로 하면 된다. 하지만 아이 둘에 출근하는 남편까지 챙겨야 하는 상황이라면 아침식사 강박에서 벗어날 필요가 있지 않을까?

겨울에는 데우기만 하면 되는 스프를 냉동실에서 꺼내고, 여름에는 우유에 곡류와 꿀을 첨가해 스무디로 마시게 하는 것으로 아침을 대신해 보라. 이런 방법은 몸에 좋은 영양을 간편하게 공급할 뿐만 아니라 엄마의 시간과 노고를 확 줄여주어 정신건강에 더 큰 도움을 줄 수도 있다. 아침을 편하게 시작하면 하루가 편해진다. 아침에 급하게 서두르고 중요한 것을 잊어버리고 아이를 늦게 등교시키다 보면 피로와 불안감이 밤 12시 잠자리에까지 이어지기 마련이다.

먹기 싫어하는 음식을 아침부터 억지로 먹여서 점점 아침식사에 대한 부담감을 일부러 늘여갈 필요는 없다. 좋아하는 것으로 준비해서 간단히 먹여라. 때로는 음식을 어떻게 주느냐에 따라 아이의 반응이 180도 달라진다. 취학 전 아이에게는 식사를 하는 방식도 놀이가 될 수 있다. 아이가 좋아할 만한 방법을 찾아낸다면 더이상 밥상머리 전쟁을 치를 필요가 없다. 꼭 아이 그릇에만 국물요리나 면을 주지는 마라. 아빠가 쓰는 큰 접시에 아주 조금 파스타를 올려주면 아마 으스대며 후다닥 먹어치우고 더 달라고 할 것이다. 큰 숟가락으로 큰 접시를 훑으며 떠먹는 재미에 자기가 얼마나 먹었는지도 모르게 엄마도 흡족할 만큼 충분히 먹을 것이다.

역시 이때도 아이의 성향을 잘 파악해야 한다. 어떤 아이들은 스파게티를 짧게 끊어줘야 잘 먹는다. 그런가 하면 긴 국수 가닥을 '후루룩' 소리 내며 빨아들이는 재미에 푹 빠져서 자기도 모르게 많은 양을 먹어치우는 아이들도 있다. 어쩌면 자신의 그릇에 집착하는 성향의 아이가 있을 수도 있다. 내 아이의 성향에 맞게 그때그때 새로운 시도를 해보는 게 관건이다.

네 살인 벤은 아빠가 가끔 식판을 꺼내 와서 음식을 담아주곤 한다. 엄마가 아니라 아빠가! 그리고 아빠와 레스토랑 놀이를 하는 것이다. 아이는 손님이 되어서 음식을 평하고 아빠는 지배인이 되어서 팔에 수건을 두르고 시중을 든다. 물론 벤은 나중에 계산도 한다. 제 방에 어질러 놓은 종잇조각 따위를 들고 와서 귀여운 두 손으로 아빠의 손에 팁을 쥐어주기도 한다. 아이가 특별히 좋아하는 방법이 없다면 지금 당장 새로운 시도를 해보라.

부모가 융통성 있게 행동하는 것도 중요하다. 아이가 영양가 풍부한 음식을 먹는 데 도움이 된다면 어른들에게는 이상해 보이는 조합으로 음식을 섞어 먹여도 괜찮다. 아이들이 건포도를 좋아해서 생선구이에도 건포도가 들어가야 먹는다면 그렇게 만들어줘라.

그리고 가끔은 진실을 곧이곧대로 말해주지 않아도 된다. 에비가 빙퀑염에 걸렸을 때 나는 말린 크랜베리를 먹이고 싶었다. 에비는 먹기 싫나고 딱 잘라 말했는데, 잠시 후 그릇에 담겨 있는 크랜베리를 보고는 "이거 씨 없는 건포도야?"라고 묻는 게 아닌가. 내가 불분명한 소리로 "흐으음"이라고 대답하자 에비는 그걸 다 먹었다.

● 입맛 까다로운 아이,
   골라먹는
   재미를 줘라

입맛 까다로운 아이들은 식사 때마다 부모의 인내심을 테스트한다. 이럴 때는 아이와 싸우지 않는 것이 제일 좋은 방법이다. 어느 정도 커서 자기 나름의 입맛을 형성하고 유난히 까다롭게 구는 아이에게는 이따금씩 스스로 골라먹을 기회를 주자. 특히 아침식사 시간에 이런 방법을 활용하면 좋다.

작은 그릇 몇 개를 준비해서 무설탕 시리얼, 먹기 좋게 잘게 썬 과일, 견과류 등을 담아 놓는다. 아이의 그릇과 숟가락을 따로 주면서 조금씩 먹고 싶은 것을 골라 담으라고 한 뒤 우유를 부어준다. 유제품류가 맞지 않는 아이는 천연 과일 주스나 두유를 준비해 준다. 뷔페식처럼 골라 먹는 재미에 빠진 아이들은 씨리얼이나 후레이크를 먹기 싫다고 떼쓰진 않는다. 이렇게 하면 부모가 별다른 힘을 들이지 않고도 아이에게 건강식을 먹일 수 있다. 이건 영국식이고 다른 문화권에서도 같은 방식을 적용할 수 있다. 포인트는 엄마가 선별한 영양가 높은 음식을 조금씩 골고루 아이의 밥상에 올려주고 골라 먹게 함으로써 음식에 대한 흥미도를 높이는 데 있다.

아이가 흥미를 느끼며 식사에 몰두하는 동안 엄마는 등교준비나 출근준비를 잠시나마 할 수 있고, 동생을 돌볼 수도 있는 방법이어서 꽤 효율적인 대안이 될 것이다.

입맛 까다로운 아이를 위한 요령

● 친정 엄마 애니의 비법. 무엇을 먹을지 아이들이 직접 선택하게 하면 효과 만점이다. 하지만 무턱대고 질문을 던지지는 말자. "거기에 완두콩을 넣어서 먹을래?"라고 물으면 대답은 항상 "싫어!"니까. 대신 이렇게 물어보자. "완두콩 먹을래, 강낭콩 먹을래? 아니면 둘 다? 둘 중 하나는 꼭 먹어야 한다."

● 이제 네 살인 헤더는 젖을 떼기 어려운 아이였고 지금도 먹는 걸 그다지 좋아하지 않는다. 헤더의 엄마 캐롤라인은 상상의 힘을 빌려 문제를 해결한다. "지퍼백에 담아 냉동했던 시리얼을 꺼내 우유 없이 바삭바삭한 상태로 준답니다. 요즘은 동물 놀이를 하면서 먹여요. 헤더가 자기가 되고 싶은 동물이 뭔지 말하면 우리는 그 동물이 어떤 음식을 먹는지 알려줍니다. 헤더는 자기가 강아지라고

말할 때가 많아요. 그럼 우리는 강아지가 하기스(양의 내장으로 만든 순대 비슷한 스코틀랜드 음식-옮긴이)를 먹는다는 이야기를 들려주죠. 우린 스코틀랜드인이거든요. 헤더가 펭귄이 되는 날이면 펭귄은 생선을 먹는다고 이야기하고요."

● 아이가 좋아하는 영화나 TV 프로그램과 음식을 연관시키는 방법도 있다. 헤더는 가자미나 숭어를 먹을 때마다 만화영화 〈니모를 찾아서〉에 나오는 상어 부르스 흉내를 낸다고 한다.

● 엄마는 식당의 웨이트리스 역할, 아이는 손님 역할을 하는 놀이를 해보자. 장난감 찻잔 세트에 차와 간식을 차려준다. 이렇게 하면 아이가 보통 때 먹지 않던 음식에 흥미를 보이기도 한다.

● 같이 음식을 만들어보는 일도 중요하다. 예컨대 아이가 채소를 씻고 손질하는 일을 돕도록 하자. 자기가 직접 준비한 음식이 식탁에 올라와 있으면 먹어보려는 마음이 생길 것이다. 때로는 "아빠, 제가 간식을 준비했어요."라고 말하라고 시키기만 해도 효과가 있다. 아이가 어느 정도 크면 장보기 목록 작성이나 마트에서 계산하는 일을 돕게 해도 좋다.

가족 요리의
날을 정해
편식 습관을
바로잡자

매일 식사를 준비하는 것도 노동인데 아이와 먹느냐 안 먹느냐 전쟁을 치르는 것에 안 지칠 엄마가 몇이나 될까. 설사 이것저것 가리지 않고 잘 먹는 아이라 할지라도 매 끼니 다른 재료로 다채로운 음식을 하는 것은 정말 수고롭고 고된 일이 아닐 수 없다. 그래서 생각해 본 것이 가족 요리의 날이다.

요즘은 TV 드라마에 나오는 것처럼 웬만해서는 가족들이 한자리에 모여 식사를 하기가 힘들다. 그런 의미에서 일부러 시간과 기회를 만들어 가족 요리의 날을 해보자. 가족 각자에게 요리를 함에 있어서 책임을 지워주는 것도 좋다. 엄마는 요리가 잘 되게끔 총주방장 역할을 하며 진행을 돕고 아이는 재료를 손질하고 아빠는 뒷정리를 하는 식으로 역할분담을 한다. 이날만큼은 주방이 얼마나 어질러지든 상관하지 말라. 아빠에게 치우는 일에 책임자 자리를 주면 된다. 그리고 요리의 주제와 재료를 함께 정해서 도전하는 것이다.

처음 시도할 때는 아이가 잘 먹는 재료를 선택해서 가족 요리의 날을 손꼽아 기다리게 한 다음 점차 편식하는 재료를 한두 가지 정도 끼워 넣다 보면 어느새 먹기 싫은 식재료를 익숙하게 다루고 있는 아이를 발견할 수 있을 것이다.

제이미 올리버 식 '고기와 채소 호일구이'는 아이와 함께 만들기 좋은 요리다. 닭가슴살과 다진 채소에 육수를 한 숟가락 넣고 종이호일에 싸서 오븐에 넣어 투명한 육즙이 흘러나올 때까지 20~30분간 구워준다. 종이호일을 펼쳤을 때 멋진 요리가 나오는 걸 보면 기분이 아주 좋아진다.

집에서 아이와 함께 피자를 만들어도 좋다. 도우는 시판 제품을 구입하고 갖가지 신선한 재료를 재미있게 썰어서 토핑으로 올리면 된다. 아빠의 피자에는 어떤 토핑을 얹고 엄마의 피자에는 어떤 토핑을 얹을지 아이가 직접 고르게 해보자.

● 원칙을 정했다면
외식 날에도
예외를 두지 말라

음식과 관련해서 마지막으로 주의할 점 하나. 집 밖으로 나가는 순간 지금까지의 모든 노력을 물거품으로 만들지 말자! 사실 집안에서 아이를 먹이는 일보다 밖에서 먹이는 일이 더 어렵다. 다이어트를 하는 사람들이 맞은편에 앉은 사람의 접시에서 무심코 집어먹은 음식의 칼로리는 생각지 못하는 것처럼, 집안에서는 꼼꼼하게 따지는 엄마들도 밖에서 음식을 사먹을 때는 무감각해지기 쉽다.

외식을 하지 말자는 이야기가 아니다. 가끔씩은 아이를 데리고 햄버거 체인점에 가도 괜찮다. 하지만 햄버거 체인점의 카운터에서 주문을 할 때 아이의 성화에 넘어가지 않을 자신이 있을 때 가야 할 것이다. 안 그러면 아이가 고지혈증이나 동맥경화 같은 성인병에 노출될 위험이 훨씬 커지기 때문이다. 음식의 효과는 시일이 지나야 나타나기 때문에 평소 식습관을 잘 관리해야 한다. 햄버거에 빠진 아이가 10년 후에 어떻게 변할지, 채소만 먹던 아이가 10년 후에 어떻게 변할지 상상해 보라. 결과는 그때 가봐야 알 수 있다. 그러니 음식의 나쁜 효과든 좋은 효과든 단 기간만 생각해서는 안 된다.

햄버거 체인점에서 아이를 보호하는 방법

- 음식에 딸려 나오는 소스, 드레싱, 마요네즈는 버린다.
- 어린이 세트에 딸려 나오는 탄산음료 대신 주스나 물, 우유를 주문한다.
- 너겟, 후라이드 치킨, 어니언링과 같은 튀긴 음식보다는 간단한 햄버거 하나가 훨씬 낫다.
- 아이가 감자튀김을 꼭 먹어야겠다고 하면 작은 용량으로 주문한다.
- 미니당근, 먹기 좋게 썰어둔 채소, 포도 등의 과일을 휴대 용기에 담아 가 프렌치프라이나 어니언링을 먹을 때 함께 먹거나 대신 먹인다. 이렇게 하면 패스트푸드에 부족한 영양소를 보충할 수 있다.

요즘은 카페테리아나 뷔페 코너에 아이를 데려가는 경우도 흔하다. 집에서 잘 접하지 못하는 온갖 종류의 음식들이 널려 있다. 아이를 홀려버리는 것은 단연 초코퐁듀나 색색의 데코레이션이 가능한 아이스크림 등 온갖 식품첨가물로 무장한 디저트 코너다.

여기에서 엄마의 단호함과 식품에 대한 열정이 다시 한 번 발휘되어야 한다. 구운 감자, 통곡식으로 만든 빵이나 밥, 튀기지 않고 구운 닭고기나 생선, 속을 편안하게 해주면서 영양가는 높은 수프 등을 먹을 수 있게 유도해야 한다.

원칙이란 항상 지켜야 하고 항상 지킬 때 한 사람의 가치관이 조금씩 자리잡을 수 있다. 외식이라고 해서 예외를 열어두고 허용하다 보면 아이는 쫄쫄 굶으면서 외식할 날만 기다리게 될지도 모른다. 편식하고 야위어 가는 아이를 보면 당장이라도 차 키를 들고 뛰쳐나가지 않겠는가. 엄마의 노력이 헛되지 않으려면 외식이나 가정식이나 다름없는 선택이 되어야 한다.

또하나, 아이가 하나인 가정에서는 모르겠지만 우리처럼 둘이나 셋, 넷을 키우는 가정에서는 첫 아이에게 적용한 원칙을 둘째, 셋째, 넷째에게도 똑같이 적용해야 한다. 아이의 입에서 "형은 왜 이거 먹어? 나도 형처럼 크면 그렇게 먹어도 돼? 난 많이 컸으니까 이제 형이고 형처럼 먹어도 돼!"라는 생떼를 듣지 않으려면 말이다.

아이 메뉴가 따로 없는 레스토랑에서는 너무 복잡한 재료나 조미료가 들어가지 않는 제일 단순한 메뉴를 시켜줘라. 예를 들면 토마토소스 파스타, 브로콜리 스프와 통밀빵 같은 게 되겠다. 아니면 어른들이 먹는 음식을 조금씩 접시에 덜어서 아이에게 적합한 식사를 만들어주는 방법도 있다.

외출할 때는 간식거리를 미리 준비해서 나가면 길거리에서 파는 지저분한 튀김 음식을 사먹지 않아도 된다. 아이들을 차에 태워서 이동할 때는 몸에 좋은 간식거리가 담긴 밀폐용기를 준비하자. 카시트에 앉히고 간식을 손에 들려주면 아이도 기뻐할 것이다. 차로 이동하는 시간이 길어질 예정이라면 수프가 최고다. 너무 뜨겁지 않은 수프를 보온병에 넣어 가져가자. 아이들은 길가에 차를 세우고 컵으로 수프를 마시는 걸 너무 좋아한다. 마치 어른이 커피를 마시는 것 같은 기분이 들기 때문일까?

아이를 잘 먹이려면 무엇보다 부모가 자신감을 가져야 한다. 대부분의 아이들은 자기에게 필요한 만큼 먹는다. 그리고 식성이나 욕구는 아이마다 제각각이다. 건강에 문제가 있는 아이가 아니라면 어떤 음식을 한사코 거부하거나 며칠 내내 한 가지 음식만 먹는다 해도 너무 걱정할 것 없다. 장기적으로 심각한 문제가 되지는 않으니까.

열심히 음식을 만들었는데 아이가 먹지 않을 때 부모가 느끼는 노여움은 그 음식에 쏟아 부은 피와 땀과 눈물의 양에 비례한다. 자, 우리 모두 마음의 준비를 하자. 그런 일이 있다 해도 감정적으로 받아들이지 말아야 한다. 엄마가 직접 당근을 키웠다고 해서, 껍질을 꼼꼼하게 벗겼다고 해서, 최고급 올리브오일에 살짝 볶았다고 해서 당근을 싫어하던 아이가 하루아침에 바뀌지는 않는다.

아이의 밥상을 엄마와 아이의 전쟁터로 만들지 말자. 세상 사람들이 하는 말에 일일이 흔들릴 필요도 없다. 아이가 싫다는 음식을 강제로 먹이려 하지 말자. 다양한 음식을 창의적인 방법으로 먹이고, 신선한 재료와 단순한 조리법을 선택하기만 한다면 아이가 크게 잘못될 일은 없다.

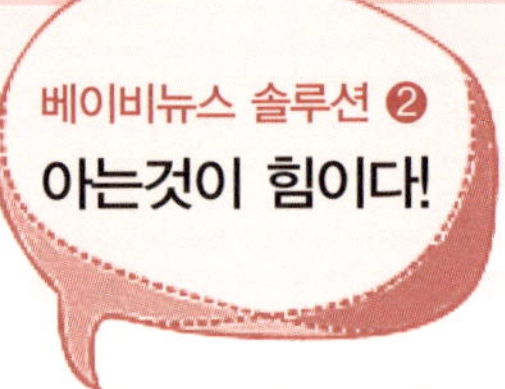

입맛 까다로운 아이 밥 먹이는 방법
텔레비전을 끄고, 밖에서 뛰놀도록 해야

음식을 잘 먹지 않는 아이. 음식을 잘 먹게 하기 위해 한약도 써보고, 나름대로는 별의별 방법을 다 써보지만 효과가 없다. 쑥쑥 커야할 시기에 영양분이 부족할 까봐 엄마는 걱정이 태산이다.

'굶기는 게 약이야. 며칠만 굶겨봐. 배고파서 안 먹고 배겨?' 어르신들의 말이다. 그러나 병적인 이유에서 음식을 잘 먹지 않는다면 심각한 상황이 발생할 수 있으므로 함부로 굶겨서는 안 된다.

'밥 한 그릇 게 눈 감추듯 뚝딱 먹어버리게 하는 방법은 없을까?'

아이가 음식을 잘 먹지 않아 고민하는 엄마들을 위해서 보스톤맘(bostonmom.com)에서 육아와 자녀교육 상담을 전문으로 하고 있는 바바라 멜츠(Barbara Meltz)는 아동상담 전문가 엘린 새터(Ellyn Satter)의 말을 인용해 다음과 같이 조언했다.

아이가 음식을 잘 먹지 않을 때 제일 먼저 해야 할 일은 소아과 의사와 상담을 해야 하는 것이다. 소화기에 이상이 있어 음식 맛을 잃을 수가 있고 다른 기관에 이상이 있어 음식을 싫어하는 경우가 있을 수가 있다. 그런 경우에는 적절한 치료가 필요하다.

그러나 아무 이상이 없다고 판정이 내려 졌을 경우 다음과 같은 방법을 취하면 더 이상 아이의 음식 때문에 속을 끓일 일이 없을 거라고 장담하고 있다.

1. 텔레비전을 꺼라

하루 종일 텔레비전에만 매달려 있다가 보면 음식 맛이 당기지 않을 것이다. 왕성하게 뛰놀아야 신진 대사가 활발해져 입맛이 돋는다.

2. 음식과 친해지기

입맛이 까다로운 아이도 몇 가지 좋아하는 음식은 있다. 그 음식과 함께 아이가 잘 먹지 않는 음식도 함께 놓아 다양한 음식에 눈으로라도 친숙하게 만들어야 한다. 눈으로 친숙해 지면 처음에는 먹지 않더라도 점점 좋아하게 될 수가 있다.

3. 함께 식사하라

혼자 밥 먹이지 마라. 밥을 먹을 때는 항상 가족이 함께 하는 것이 좋다. 밥상이 즐거우면 음식 섭취가 늘어난다. 밥상에서는 즐거운 대화가 오가 밝은 분위기를 만드는 것도 잊어서 는 안 된다.

4. 규정하지 마라

'쟤는 입맛이 까다로워.' 절대 하지 말아야 하는 말이다. 음식 관련 부정적 언어를 절대 사용하지 마라. '너는 왜 그렇게 입맛이 까다로워'라는 말도 하면 안 된다. 그런 말을 하면 아이는 스스로 그런 아이로 착각하고 더 음식을 멀리하게 된다.

5. 시간을 정한다

식사 시간을 정해 놓는다. 항상 그 시간에 먹도록 하고 정해진 시간을 넘지 않도록 한다. 아이가 좀 덜 먹었더라도 과감하게 치워버려라. 밥 먹는 것에 신중하지 않았던 것을 후회 하고 다음부터 더 정신 차려 먹을 것이다.

6. 간식 수의

이무 때니 간식을 주지 마라. 식사와 식사 사이에 간시을 먹게 하고, 가하게 먹지 않도록 한다.

바바라는 이상의 방법을 실행할 때 완벽하게 실행할 수 있다고 생각할 때 시도하라고 조 언한다. 미지근하게 하다 보면 더 버릴 수가 있다고 한다. 그녀는 또한 엄마가 아이의 음 식에 대해 너무 예민하면 오히려 더 나쁜 결과를 가져 올 수 있으므로 넉넉한 마음으로 아 기 음식 먹이기를 시도하라고 말했다.

Part 03

건강

엄마 뽀뽀 한 번이면
나을 때도 많다

● 개인주치의 같은
의원을 만나라

나는 의사가 아니다. 대자연의 힘을 빌려 마술 같은 기적을 행하는 치료사도 아니다. 사실 나는 사소한 일에도 벌벌 떨면서 궁금한 점들을 문의하느라 의사들은 물론이고 건강보험공단 전화상담원까지 못 살게 구는 사람이다.

요컨대 나는 아이들의 건강에 관해서 독자 여러분보다 많이 알고 있지 못하다. 우리 아이들이 어디가 약하고 어떤 습관을 가지고 있는가에 대해서는 조금 더 많이 알겠지만. 그래서 건강에 관한 내용을 쓰려니 사뭇 어깨가 무거워진다.

부탁이다. 이 책에 나오는 아이의 건강과 관련된 내용을 무슨 백과사전이나 처방전쯤으로 여기지 마시라. 이 장에서는 기저귀 발진, 치아 발달, 감기와 기침 등 어린 아이들이 일상적으로 겪는 사소하고 흔하면서 엄마의 손길을 필요로 하는 건강 문제들을 이야기할 것이다.

아이가 지속적인 고열 증상을 보이거나, 다리를 절뚝거리거나, 멍하고 힘이 없거나, 침을 흘리거나, 경련을 일으키거나, 발진이 생기거나, 목이 뻣뻣해지거나, 피 섞인 가래를 뱉는다면 병원에 가야 한다. 아이가 잠에서 깨기 힘들어 하더라도 병원에 가야 한다. 특별한 증상이 없다 해도 아이가 여느 때와 달리 기운이 없거나 이상이 있어 보인다면 병원에 가야 한다. 부모는 아이를 가장 잘 아는 사람이다. 설령 부모가 잘못 알고 아이를 병원에 데려갔더라도 그걸 가지고 뭐라고 할 사람은 없다.

위와 같은 심각한 증상들이 아니더라도 아이의 건강 상태는 부모들이 가장 신경을 쓰는 부분이므로 문제가 생길 때 현명하게 대처하는 요령을 다들 알고 있을 법하다. 갓 태어난 아이에게 나타나는 지루성 피부(유아의 머리 정수리 부분이 건조하고 누렇게 되는 피부질환—옮긴이)와 코의 반점에서부터 유치원 아이의 머릿니 검사까지, 아이들에게는 오직 부모만이 마법처럼 해결해줄 수 있는 문제가 끊임없이 생긴다. 따라서 부모는 항상 아이의 고통을 가셔주기 위해 만반의 준비를 해놓을 필요가 있다. 그리고 침대 머리맡에서 환한 얼굴로 아이의 아픈 곳에 키스하면서 안심시키는 치료는 의사가 할 수 있는 게 아니다.

우선은 아이의 성향을 제대로 파악해야 한다. 부모의 말이면 무

엇이든 잘 믿는 아이인가, 아니면 꼼꼼히 따져보고 나서야 믿는 아이인
가?

잘 믿는 아이들은 정말 간단하다. 내 딸 에비도 잘 믿는 편이어
서 연고 몇 가지와 곰돌이 푸가 그려진 반창고 하나면 모든 병을 고칠
수 있다고 생각한다.

불행히도 에비는 완전 겁쟁이이기도 하다. 살갗이 약간 까지거
나 피가 조금만 나도 기겁을 하는 에비는 상처가 눈에 보이는 동안에는
몇 시간이고 울음을 그치지 않는다. 하지만 다행히도 상처를 잘 가려주
어서 일단 눈에 보이지 않게 되면 자기가 다쳤다는 사실도 잊어버리고
다시 즐겁게 논다. 한번은 외출했을 때 물티슈로 즉석 반창고를 만들었
는데 정말 효과 만점이었다. 비록 TV 드라마 〈어린이 병원〉에 나오는
엑스트라 같은 모양새가 되긴 했지만.

아이가 의심이 많은 편이라면 반창고와 키스로는 부족하다. 부
모가 머리를 써서 창의적인 방법을 찾아내야 한다. 의심 많은 아이들은
특정한 하나의 치료법이나 약을 굳게 믿는 경향이 있다. 아무리 부모가
괜찮다고 달래도 자신이 신봉하는 단 하나의 치료법이 등장할 때까지
는 울음을 그치지 않는다. 마니(9세)와 프레디(3세)의 엄마는 아이마다
만병통치약이 하나 정도는 있다고 말한다.

"프레디는 '마술 뽀뽀'가 만병통치약이에요. 살짝 부딪히거나

아파할 때 제가 마술 뽀뽀를 해주기만 하면 금방 기운을 차려서 다시 뛰어놀죠. 그렇지만 마니는 이것저것 따져보는 성격이라 마술 뽀뽀를 쉽사리 믿지 않았어요. 하지만 마니는 세 살 무렵에 약이라는 걸 알게 되면서부터 어디가 약간 아프다거나 넘어지면 무조건 약을 달라고 하더군요. 나중에는 제가 약숟가락으로 과일주스나 물을 떠먹이면서 약이라고 말해줬는데, 대부분의 경우 효과가 좋았답니다."

아이들이 호소하는 아픔의 대부분은 그렇게 심각한 문제가 아니다. 뽀뽀 한 번이면 족할지, 아니면 더 복잡한 조치가 필요할지는 엄마가 충분히 판단할 수 있다. 하지만 아이의 상태가 심상치 않거나 애매모호한 증세가 나타날 때에는 지체하지 말고 병원으로 데려가야 한다. 응급한 상황에서 유명 병원을 찾아 헤매다 더 큰 일을 당하는 어리석은 일은 하지 말기를 바란다. 이에 대비해 인근 소아과를 알아두면 좋다. 때로는 고도의 기술을 발휘해 가며 소아과 의사, 간호사들과 사이좋게 지내면 응급상황에서 큰 도움을 받을 수도 있다.

헤더(4세), 머레이(1세)의 엄마 캐롤라인은 이 부분에서는 거의 프로다. 그녀는 간호사를 구슬려 놓는 게 의사를 만나는 일보다 어떨 때는 더 중요할 수도 있다고 충고하다.

"의사와 약속을 잡아주는 간호사를 신처럼 대하세요. 문제가 생길 때 해결의 열쇠를 쥐고 있는 사람이니까요. 간호사에게 잘 하면 나중에 반드시 도움이 될 거예요. 저는 병원 예약을 할 때 맨 처음에 나오는 전화 받는 사람 이름을 잘 들었다가 고맙다는 인사와 함께 이름을 불러줘요. 그리고 그 간호사에 관한 정보를 머릿속에 입력해 놓았다가 거기에 대해 수다를 떨기도 하죠. 휴가를 갈 예정이라든가, 손자들이 있다든가 하는 정보 말이에요. 대화의 시작은 '예약 좀 할게요'로 하지 말고 '저를 좀 도와주세요. 어떤 진료를 예약해야 할지 잘 모르겠네요. 위급한 상황은 아니지만 제 딸이 진찰을 받아야 할 것 같은데, 어떻게 해야 하나요?'라는 말로 하세요. 이런 부탁을 들은 간호사는 자신의 강력한 권위를 새삼 느끼거든요. 그러면 의사의 일정표가 꽉 차 있어도 빠른 진료예약이 가능하답니다. 이제 그 간호사는 제가 이름을 말하지 않아도 누군지 알더군요.

그리고 병원에서 울음을 터뜨리는 일만은 절대 하지 마세요. 병원 직원들은 우는 사람들을 워낙 많이 봐서 무감각해져 있거든요. 엄마 입장에서는 접수창구에 있는 간호사가 의사보다 더 중요합니다. 저는 병원에 가서 '응급' 약속을 잡을 때마다 간호사에게 '당신 같은 분이 없었으면 저는 어찌할 바를 몰랐을 거예요'라는 말로 정중하게 감사를 표한답니다."

흔한 상처에는 포커페이스를 유지하라

아이의 상처나 사소한 감기에도 병원으로 달려가 간호사에게 친한 척 애쓸 필요는 없다. 급하게 병원으로 가지 않아도 될 사소한 생활질환에는 다음과 같이 대처해 보자.

사소한 생활질환 대처법

- 어린 아기가 심한 감기에 걸리면 코에 모유 한 방울을 떨어뜨려준다. 이렇게 하면 아기의 코가 막히지 않는다. 모유는 자연의 기적과도 같은 물질이다. 모유수유를 하는 엄마의 젖꼭지가 갈라지거나 쓰릴 때도 수유 후에 모유를 젖꼭지 위에 바르면 좋다.
- 가래를 뱉어내지 못할 정도로 아기가 어릴 때는 습도를 한껏 높여

서 묽은 분비물이 코를 통해 배출되도록 해준다. 가래가 간혹 진하게 들러붙어 캑캑 거릴 때는 손을 공을 쥐듯 오므려 모아 등 뒤를 톡톡 빠르고 가볍게 쳐주면 기침과 가래를 조금 해소시켜 준다.

● 아기가 복통을 일으킬 때 부모들은 당황해서 우왕좌왕하게 마련이다. 여러 부모들이 권하는 방법으로는 아기를 천으로 감싸주기, 마사지하기, 미지근한 물에 설탕을 타서 먹이기 등이 있다. 하지만 아기가 아닌 아이일 경우에 복통은 꾀병인지 아닌지를 판단하는 것부터 해야 할 것이다.

● 기저귀 발진에도 여러 가지 방법을 써볼 수 있다. 차가운 카모마일 차에 적신 천이나 차가운 티백을 발진 부위에 올려놓기, 계란 흰자 붙이기, 올리브유 바르기, 발진 부위를 깨끗이 씻은 후 헤어드라이어의 냉풍으로 말리기 등이 있다. 역시 가장 빠른 방법은 발진 크림을 발라주는 거겠지만 말이다.

치아가 나기 시작하는 아기

● 차갑고 아삭아삭한 음식 : 길게 채썰어 얼린 오이나 당근.
● 차갑고 부드러운 음식 : 아주 연한 크림치즈, 떠먹는 요구르트, 아이스크림, 라이스푸딩
● 물에 희석한 주스 : 병이나 뚜껑 달린 컵에 담고 조각얼음을 띄워준다.

기침과 감기

● 아이가 코가 막히고 기침을 한다면 라벤더나 유칼립투스, 올바스 성분의 에센셜오일을 라디에이터에 몇 방울 떨어뜨리거나 손수건에 적셔 아이 베개 근처에 두면 좋다. 그렇지만 에센셜오일을 아이들이 병째로 마시면 치명적이니 주의하자. 에센셜오일 병은 아이들 손이 닿지 않는 곳에 잘 치워두어야 한다.

● 아이가 심한 감기에 걸렸을 때는 베개 옆에 여분의 베갯잇이나 요람커버를 놓아두었다가 콧물이 많이 묻으면 바로 새것으로 갈아준다. 커버를 바로바로 갈아주면 침대보와 이불을 몽땅 세탁하지 않아도 된다.

● 감기에 걸린 아이의 코가 헐었을 때는 콧구멍 주변과 코밑에 바셀린을 발라주면 좋다. 이 방법은 에비에게 항상 효과가 있었다. 에비는 '코약'을 바르는 걸 특별한 일이라고 생각하고 있으니까. 바셀린이 없다면 콧물을 닦는 손수건에 베이비오일을 몇 방울 떨어뜨려 부드럽게 만든다.

● 콧물을 닦을 때는 휴지보다 아기용 물티슈가 낫다.

● 작은 약병에 해열제를 소량 넣어서 항상 지니고 다니자. 아이가 약병을 입에 대고 빨아먹도록 하면 순가락을 찾아 헤매다가 약을 다 흘릴 염려가 없고, 다 먹고 나서 끈적거리는 숟가락을 집에 가져가지 않아도 된다.

● 역한 맛이 나는 항생제는 그냥 먹이지 말고 과일주스에 타서 먹이자.

● 귀가 아픈 아이에게는 뜨거운 물병을 두꺼운 수건으로 꼼꼼하게
싸서 머리 밑에 베개처럼 받쳐주면 좋다.

타박상, 멍, 수두, 머릿니가 생겼을 때

● 아이의 무릎에서 피가 날 때는 일단 짙은 색깔의 헝겊으로 피를 가
려주자. 에비처럼 겁 많은 아이들에게 반드시 필요한 과정이다.
● 땀띠나 습진에 바르는 크림을 냉장고에 보관했다가 더운 여름에
발라보자. 더위를 식히는 데 도움이 된다.
● 반창고가 잘 떨어지지 않을 때는 화장솜에 베이비오일을 묻혀 닦
으면 쉽게 떨어진다.
● 아이들의 머리는 얼마나 청결한가와는 무관하게 원래 이가 생기기
쉽다. 이가 생겼을 때는 티트리 오일을 발라주거나 머리 감길 때
티트리 오일을 골고루 희석해 감겨주는 것도 효과가 있다.
● 상처 부위를 세척하거나 소독할 때는 아이가 좋아하는 푹신한 장
난감과 인형을 이용해 주의를 돌려보자. 인형에게 말을 시키는 것
도 좋은 방법이다.
● 아이가 수두에 걸렸을 때도 인형을 이용해보자. 문구점에서 작은
빨간색 스티커를 사서 곰인형의 얼굴과 몸에 덕지덕지 붙인다. 그
러면 아이가 곰 인형에게 빨간 점을 긁지 말라고 가르쳐줄 것이다.
● 수두에 걸린 아이에게 면봉이나 작은 붓을 주고 직접 칼라민 로션
을 바르게 해보자. 쉽게 바르고 싶으면 칼라민 로션을 살짝 희석해

서 깨끗한 분무기에 넣어 뿌리는 방법도 있다. 칼라민 로션은 수두 뿐만 아니라 땀띠에도 효과가 그만이다.

● 수두 파티를 열어주면 어떨까? 혼자 격리되었던 아이를 위해 이미 수두를 치른 아이들을 불러서 놀게 해주자. 아이 방을 빨간 땡땡이 무늬로 장식하거나 땡땡이 무늬 케이크를 만들어 분위기를 내도 좋다. 하지만 아직 수두를 앓지 않은 아이들을 초대하는 일은 가급 적 피하자. 아이가 수두를 빨리 앓고 지나가기를 바라는 일부 부모 들은 환영할지 모르지만 건강 전문가들은 찬성하지 않는다. 내 친 구 중 하나가 자기 딸을 수두를 앓고 있는 친구 집에 데려가도 좋 을지 물어보기 위해 보건소에 전화를 한 적이 있었다. 좋은 의도에 서, 부모의 책임을 다하기 위해 문의했던 것이다. 그런데 전화를 받은 상담원은 소스라치게 놀라면서 친구에게 혹시 아이를 '해칠' 생각이 있느냐고 따져 물었다고 한다. 세상에서 가장 못된 엄마가 된 기분이었던 친구는 울고 싶었다고 한다.

예방 접종에 관해서는 철저하게 개인적인 선택이라고 말하고 싶 다. 한 마디만 하자면, 멍하니 시간만 보내지는 말라. 어떻게 해야 할지 모르겠다는 이유로 가만히 있는 거 아이를 위해서나 우리 사회를 위해 시나 최악의 선택이다.

나의 조언은 정보를 많이 얻으라는 것이다. 전문가들에게 물어 보고, 다른 부모들에게 물어보고, 우리의 부모님들에게 물어보고, 각종 기사를 읽어보자. 정보수집에 최선을 다했다는 생각이 들면 우리 아이에게 맞는 방법이 무엇인지 스스로 판단해서 결정하자.

다른 결정을 내린 부모들을 함부로 비난해서는 안 된다. 반대로 친구나 친척, 의사, 정부의 입김에 휘둘려서 우리 아이의 일을 결정해서도 안 된다. 결국 아이를 책임지는 사람은 부모다. 그러니 스스로 최선이라고 생각하는 바대로 행동하라. 예컨대 혼합 백신 접종을 하려면 충분히 알아보았다는 확신을 가지고 해야 한다. 접종을 하지 않기로 결정한다면 그 이유를 논리적으로 설명할 수 있어야 한다. 좌우간 안일한 자세로 가만히 있지는 말자. 조만간 그 때문에 문제가 생길지도 모르니까.

마지막으로 흔한 상처에 효과적으로 대처하는 팁 하나. 포커페이스를 유지하라! 이것은 부모들이 입을 모아 강조하는 요령이다. 아이가 넘어지거나 손가락을 조금 다쳤다고 해서 헉 하고 놀라거나 얼른 달려가서 야단스럽게 위로의 말을 퍼붓지 말자. 아이들은 부모의 반응을 보고 분위기를 파악한다. 부모가 불안해하면 아이들도 똑같이 불안해하면서 아우성을 치게 된다. 현명하게 판단해서 가벼운 상처 같으면 아무렇지 않은 척 하자. 그러면 아이도 자기가 입은 상처를 크게 의식하지 않을 만큼 용감해질 것이다. 그러면 이 장에서 소개한 수많은 팁들도 필요하지 않게 된다!

밥 삼키지 않고 물고만 있는 아이
'후두개' 이상은 아닌지 전문가와 상담해야

주부 A씨는 식사시간마다 아이와 전쟁을 치른다. 이유식을 시작한 터라 아이에게 밥을 줘 보지만 제대로 먹지도 않고 한 시간 넘게 밥을 삼키지 않고 물고만 있기 일쑤. 이러다 아이가 또래 아이들보다 성장이 뒤쳐질까 봐 걱정인 A씨는 오늘도 아이에게 소리를 지르고 말았다.

A씨의 자녀처럼 평소 밥을 물고 있거나 밥 자체에 관심이 없는 행동을 보인다면 '식욕부진'을 의심해 봐야 한다. 현재 네이버 블로그 '착한 밥상'을 통해 밥상의 중요성을 알리고 있는 김수경 아이엔여기한의원 일산화정점 원장의 도움을 얻어 부모를 당황스럽게 만드는 식욕부진에 대해 살펴봤다.

증상 비슷하다고 다 같은 식욕부진 아냐

김수경 원장에 따르면 식욕부진이라도 다 같은 식욕부진이 아니다. 선천적으로 소화액이 잘 나와서 밥양이 적은 아이가 있는 반면 목에 열이 있어서 밥을 넘기지 못하는 경우가 있다. 목에 열이 있으면 밥을 물고서 내내 딴짓을 하고 시원한 과일이나 바삭바삭한 음식은 잘 넘기지만 밥이나 침 같이 찐득한 건 잘 넘기지 못한다. 또한 아이가 편도선이 자주 붓는다던가 감기에 자주 걸리는 증상도 동반한다.

이는 '후두개'라는 뚜껑이 평소 닫혀 있다가 음식이 내려가면 열려야 하는데 목에 열이 있으면 이 뚜껑이 제대로 작동을 안 하게 된다. 때문에 음식물도 제대로 넘기지 못하는 것.

김수경 원장은 "이 경우는 식욕부진으로 치료하는 것이 아니라 목에 있는 열을 내려주는 것이 근본적인 치료법"이라며 "목에 있는 열만 내려주면 아이가 밥을 편히 먹게 된다"고 말했다.

일찍 이유식 시작하면 식욕부진 생겨

아이의 식욕부진은 이유식 때부터 확인할 수 있다. 보통 5~7개월 사이에 이유식을 시작하는데 췌장은 만 1세가 지나야 완성되기 때문에 소화액이 안 나오는 아이에겐 이유식을 먹는 자체가 부담될 수 있다.

이러한 아이는 이유식을 먹이는 시기를 늦춰야 한다. 아이가 소화할 능력이 없는데 입자가 큰 걸 넣어주면 그걸 소화시키기 위해 억지로 에너지를 끌어오게 된다. 영양을 보충하기 위해 먹는 음식이 오히려 에너지를 고갈하게 만든다는 것. 이를 반복하다 보면 만성 식욕부진이 생길 수 있다.

김 원장은 "이유식을 먹였을 때 아이 피부에 오돌토돌한 트러블이 올라오거나 기저귀 발진이 잘 생기거나, 코가 계속 막히고 코딱지가 잘 생기는 알레르기 반응을 보인다면 이유식을 늦춰야 한다"고 설명했다.

이유식 알레르기가 있다면 대신 분유를 먹여야 한다. 이유식이 안 부서지는 생쌀이라면 분유는 지어진 밥이나 다름없기 때문에 아이가 문제없이 소화시킬 수 있다고. 만약 소화가 안 되는 아이에게 이유식을 억지로 밀어 넣으면 이유식과 분유 둘 다 안 먹는 상황이 벌어질 수 있다.

김 원장은 "분유량도 평소의 80%만 주는 등 한 달만 적게 먹여도 일주일 사이에 분유량이 확 늘어나게 된다. 이유식은 그때 줘도 무방하다"며 "분유량을 줄이고 이유식 끊는 걸 못

견뎌 하는 부모들이 많은데 체했을 때 적게 먹여야 하는 것은 상식"이라고 전했다.

올바른 식습관은 모든 치료의 근원

공부에도 때가 있듯 식욕부진 치료는 어렸을 때가 가장 중요하다. 아이는 먹어야 성장하는데 질병이 있으면 10개 중 5개가 치료를 위해 쓰이기 때문에 성장에도 좋지 않다.
김 원장은 "만 6세 이전에 곳간(소화기관)의 크기가 결정되는데 이 시기를 지나치면 고치기가 힘들다"며 "그러니 만 6세 이전에 식욕부진이 있다면 무조건 치료를 해야 한다"고 밝혔다.

무엇보다 식욕부진을 치료하기 위해선 올바른 식습관을 가져야 한다. 부모들이 먼저 고쳐야 할 것은 바로 '탄수화물 위주의 간식'이다. 감자나 고구마, 국수, 빵 등 탄수화물 위주의 간식은 인체를 구성하는 성분이 아니라 에너지를 내는 성분이다. 따라서 과잉 축적된 에너지를 다 쓰지 못하면 비염이나 아토피피부염 등 알레르기 질환을 일으킬 수 있다.

특히 과일이나 과자를 먹게 되면 포도당 수치가 삐죽 올라갔다 내려오게 되는데, 포도당 수치가 올라간 상태에선 뇌가 '나는 에너지를 다 채웠다'고 착각을 하게 된다. 과자, 과일을 식전에 먹으면 밥맛이 떨어지는 이유도 바로 이 때문이다.
그러니 포도당 수치를 완만하게 만들고 소화를 돕기 위해선 탄수화물 위주 간식이 아니라 단백질과 지방이 들어간 간식을 줘야 한다.

김 원장은 "아이들의 성장과 호르몬 소화액의 재료는 단백질과 좋은 지방에서 나온다"며 "탄수화불 간식 대신 돼지고기나 소고기 다진 것에 채소를 넣어 만든 동그랑땡 한 개나 만두 1~2개, 토마토 반개 등 약간의 과일을 간식으로 주는 것이 좋다"고 말했다.
그러면서 "어린 나이에 제대로 된 식습관을 가져야 식욕부진이 생기지 않고 혹여 생겼더라도 빠른 시일 안에 치료할 수 있다"며 "영유아 시기 올바른 식습관은 모든 치료의 근원"이라고 재차 강조했다.

Part 04

여 행

아이와 여행할 일은
반드시 생긴다

아이가 심심해 하지 않도록 준비한다

가까운 할머니 집에 가든 고속도로를 타고 먼 길을 가든 똑같다. 아이들은 집 앞 주차장을 나오면서부터 '아직 멀었어?' 를 외친다. 신기하게도 두 돌이 지나 말을 할 무렵이 되면 아이들은 예외 없이 그런 소리를 한다. 휴게소에서 출발한 지 5분 만에 오줌이 마렵다고 보채는 것도 약속이나 한 듯 똑같다. 어쩌면 두 돌 이전 아이들도 똑같은 감정을 느끼고 있을지도 모른다. 다만 따분함을 말로 표현하지 못하고 울음을 터뜨릴 뿐이다.

갓난아기를 데리고 집 밖으로 처음 나갈 때 닥치는 상황들은 정말로 공포 그 자체다. 카시트를 제대로 설치했나? 아이가 고속도로 한 가운데에서 응가를 하거나 아프면 어쩌지? 가는 내내 울어대면 어떡해야 하지? 내가 아이를 달래줄 노래를 많이 알고 있던가? 동요 CD라도 챙겨갈까? 아니면 아이들에게 내가 좋아하는 음악을 틀어줄까? 등등 온갖 준비와 최악의 시나리오를 그리게 된다.

충분히 그럴 수 있다. 오롯이 누군가를 책임져서 안전하게 다른 장소로 데리고 가는 일은 쉬운 일이 아니다. 그래서 엄마들은 처음 아이를 집밖으로 데리고 나갈 때 핸드백 하나만 들고 나가질 못한다. 잠시 1시간을 외출하더라도 장기출장처럼 등산용 배낭에 온갖 물건을 다 집어넣고 집을 나서게 된다. 먹고(물과 분유), 자고(아기띠나 슬링), 싸고(기저귀), 씻는(수건이나 물티슈) 것 가운데 무슨 일이 벌어질지 모르기 때문에 아예 집을 축소시켜 들고나가고 싶어지는 것이다.

게다가 기본적인 욕구만 해결시키는 게 아니라 여행이라는 코드에 맞게 아이의 심리적 정서적 변화에도 대처할 수 있는 도구들을 다 챙겨야 한다. 바다에 가게 된다면 베이비 선크림과 해가리개, 큰 수건 등을 챙겨야 하고, 산에 가게 된다면 방수점퍼와 모자, 벌레물린 데 바르는 약 등을 챙겨야 하고 이외에도 기념을 위한 카메라까지 몽땅 챙겨야 하니 아이 데리고 나서는 첫 여행은 일생일대의 가장 큰 모험이라 해도 과장이 아니다.

아이를 데리고 여행하는 것은 부모의 인내심을 시험하는 일이다. 아이가 하나여도 힘든데 쌍둥이나 둘 이상의 아이를 데리고 여행하는 일은 또 어떠하랴. 그래도 아이가 성인이 될 때까지 조용히 숨어 살려는 생각이 아닌 다음에야 어떤 형태로든 간에 여행할 일은 반드시 생

긴다. 하지만 몇 가지 실용적인 준비만 잘 하면 아이와 함께하는 여행
은 굉장히 수월해진다.

우선 자동차로 여행할 때부터 살펴보자. 아이를 데리고 자동차
여행을 떠나는 부모에게는 두 가지 전략이 필요하다. 첫째는 철저한 준
비, 둘째는 아이도 즐거운 여행이 되도록 하기.

자동차에 반드시 싣고 가야 할 필수 준비물

- 코트, 털모자, 햇빛 차단용 모자, 선크림, 장화, 갈아입을 옷
- 평소에 쓰던 세탁한 수건, 키친타월, 쇼핑백
- 비상식량 1회분 – 소량 포장된 말린 과일이나 씨리얼, 캔에 담긴
  주스 등 쉽게 상하지 않는 음식으로 준비한다.
- 장거리 여행일 경우 음식과 음료는 상하지 않는 것으로 넉넉히 챙
  길 필요가 있다. 언제 교통 체증이 심해질지 모르니 가는 길과 오
  는 길에 먹을 양을 모두 고려해 준비한다. 중간에 가게에 들르지
  않도록 집에서 미리 준비해 간다면 이것저것 사달라고 떼쓰는 아
  이와 실랑이를 벌이지 않아도 된다.
- 뜨거운 여름에 달아오르는 뒷좌석을 덮을 하얀 시트커버
- 작은 장난감 가방
- 물티슈 – 무조건 많이!
- 무더운 여름날에는 뚜껑 달린 아기용 컵에 얼음을 가득 채워 가자.

그러면 차갑고 신선한 물을 마실 수 있을 뿐 아니라, 얼음이 조금씩 녹기 때문에 아이들이 자동차 시트에 물을 뿌려댈 염려도 없다.

● 방수가 되는 가방(아동용 수영가방 등)이나 튼튼한 비닐봉지를 가져가서 세탁할 옷이나 천기저귀 같은 지저분하고 냄새나는 물건들을 넣는다.

● 해수욕을 할 계획이라면 땀띠분을 가져가자. 해변에서 발에 묻은 모래를 제거할 때 유용하다. 집에 돌아오는 길에도 끈적끈적한 다리와 발을 물티슈로 닦아낸 다음 조금 마른다 싶으면 땀띠분을 발라준다. 임시방편이긴 하나 뽀송뽀송한 상태로 집에 돌아올 수 있어 아이가 덜 보챌 것이다.

● 간식거리나
장난감은
포장해서 담아간다

기본적인 준비물을 다 챙기고 나서는 아이를 재미있게 해줄 방법을 궁리하자. 출발하기 전에 미리미리 준비해야 여행길이 조금이라도 평화로워진다. 목적지까지 가는 길을 미리 파악해서 운전에만 몰두하는 일이 없도록 해야 할 것이다. 자동차 여행을 시작하면 엄마는 아이 시중을 드느라, 아빠는 운전하느라 정신없어진다. 재미있는 가족 여행이 되려면 모두 함께 여행을 즐길 수 있는 적절한 준비가 있어야 할 것이다. 예를 들면 아이와 함께 부를 수 있는 노래를 알아둔다든지, 단어 맞추기 게임을 한다든지 운전에 방해받지 않는 선에서 할 수 있는 게임은 얼마든지 있다.

엘레노어(4세)의 아빠 앤드류는 운전에만 매달리는 일은 하지 말라고 조언한다.

"아이들에게 여러 가지 물건을 줘서 계속 주의를 집중하게 하세요. 아이들을 재미있게 해주려고 열심히 노력해야 합니다. 목적지에 대한 기대감을 심어주세요. 그리고 가능하다면 부모가 너무 무리하지 않는 게 좋습니다. 여행을 빨리 끝내버리고 싶다고 해서 온종일 운전에만 매달리지는 마세요."

아이들이 차 안에서 어떤 놀이를 즐기느냐는 각자 성격에 따라 다르다. 아이가 하나라면 모를까 둘 이상 되는 가족이 여행이 떠날 때는 장난감을 넉넉히 준비해 가는 것이 어쩌면 먹을 것을 넉넉히 준비해 가는 것보다 유용할지도 모른다. 부피가 크다고 장난감 컴퓨터를 한 대 넣어서 형이랑 번갈아 가면서 써, 라고 말하는 순간 당신은 작은 아이들의 결코 작지 않은 전쟁으로 여행을 대신하게 될 것이다.

네 살 아치와 두 살 샬롯의 엄마는 이런 전쟁을 사전에 막는 방법을 익히 알고 있다.

"아치는 카시트 위에 대롱대롱 매달려 있는 장난감을 가지고 놀았어요. 그런데 샬롯은 전혀 관심을 보이지 않았죠. 장난감을 많이 가져가세요. 아이가 뭐든지 던지고 놀기를 좋아한다면 앞좌석에 장난감을 충분히 놓아두고 계속 새로운 걸 건네주세요."

차 안에서 재미있게 보내기 위한 준비

● 책, 게임도구, 미술도구는 유용한 동행이 된다. 아이들 무릎 위에 쿠션을 받치고 베드 트레이와 같은 작은 테이블을 놓아주면 금상첨화. 먹을 것을 흘릴까봐 일일이 먹여주지 않아도 되는 고마운 소품이 작은 베드 트레이다.

● 작은 간식거리나 장난감을 포장해서 봉투에 담아 간다. 아이들이 포장을 벗기는 시간만큼 거기에 온통 관심이 쏠려서 엄마는 그만큼의 시간을 벌수 있다. 30분에 한 번씩 포장된 장난감을 꺼내주자. 이것을 약간 변형해서 포장지 속에 든 것이 장난감인지, 간식인지를 맞추는 게임을 즐겨도 좋다.

● 자석 그림판이나 전자오락기

● 수성펜으로 그림을 그릴 수 있는 창문 햇빛 가리개

● 작은 상품을 걸고 '순간포착' 게임을 해보자. 젖소, 파란색 트럭, 신호등 따위를 누가 제일 먼저 찾아낼까? 이 게임을 변형해서 교통표지판, 기업의 로고, 이정표 그림 따위를 찾는 놀이를 해도 좋다. 표지판이나 로고가 인쇄된 종이(정말 원한다면 코팅을 해도 좋다)를 주고 아이에게 찾으라고 시키자. 이 게임을 잘만 하면 아이가 교통표지판의 의미를 익히는 데도 도움이 된다.

● 게임을 할 때는 경쟁이 과열되지 않도록 주의하자. 특히 뒷좌석에 남자아이가 둘 이상 있다면 더욱 조심해야 한다. 아이들을 한 팀으로 만들어서 한 가지 목표를 함께 달성하게 하거나 어른들의 팀에 대항하도록 하면 효과가 있다.

- 아이들이 좋아하는 푹신한 인형. 차 안에서 잘 때 요긴하게 쓰인다.
- 다양한 CD를 준비한다. 아이들은 똑같은 CD를 계속 틀어달라고 하는 경향이 있다. 게임을 해서 아이들이 좋아하는 음악과 어른들이 좋아하는 음악을 번갈아가면서 틀면 운전하는 사람도 덜 피곤해진다.
- 마지막으로, 모든 질문에 답할 수 있는 성인군자 같은 인내심은 꼭 챙겨가야 한다!

세 아이의 아빠 벤은 아이들을 한꺼번에 돌보면서 장거리 운전을 하기란 굉장히 어려운 일이긴 하지만 의외로 쉽게 다녀올 수 있는 방법도 있다고 말한다.

"우리는 아주 멀고 어둠침침한 프랑스와 노스요크셔로 장거리 여행을 수없이 했습니다. 고생이 이만저만이 아니었죠. 저의 경험에 비추어보면 게임은 정말 중요해요. 우리는 요즘도 팀을 나눠 순간포착 게임을 합니다. 차 안에 있는 사람들을 두 팀으로 나누고 어른 수도 똑같이 맞춰요. 노란색 차는 5점, 자전거를 싣고 가는 차는 10점, 닭을 싣고 가는 오토바이는 50점…… 이런 식으로 점수를 매기는 겁니다. 이 게임은 몇 시간이고 계속할 수도 있어요. 그리고 CD를 가져가세요. 오디오북도 매우 유용합니다. 조가 다섯 살이 되자 장거리 여행을 하기가 굉장히 힘들어졌어요. 그래서 〈해리 포터〉 1권의 오디오북을 빌려서 가지고 갔더니 조는 8시간 동안 불평 한마디 않더군요. 그리고 우리 세 아이들은 모두 음악을 좋아하기 때문에 한 사람씩 번갈아 가면서 듣고 싶은 노래를 신청하게 합니다. 자기 차례를 기다리는 동안 참을성을 기르는 효과도 있지 않을까요?"

지금까지 소개한 방법들이 다 소용이 없다면 차라리 밤늦게 떠나라. 밤에는 교통량이 적을 뿐더러 아이들이 자고 있으면 운전에 집중하기도 쉽다.

특히 쌍둥이를 키우는 엄마들의 이동시 수고는 말할 바가 아니다. 엄청나게 힘든 쌍둥이 여행에도 요령이 있다.

첫째, 웬만한 거리는 걸어서 이동하라. 두 아이를 카시트에 태웠다가 나중에 다시 내리고, 자동차 트렁크에 커다란 유모차를 실었다가 다시 꺼내는 중노동을 하느니 그게 훨씬 낫다.

둘째 미닫이문이 달린 차를 사라. 좁은 주차 공간에서 문을 열고 아이를 내리다 보면 낑낑대며 가방을 둘러매고 아이를 안은 채 어찌할 바를 모르게 된다. 미닫이문이라면 공간에 상관없이 유모차를 꺼내고 아이를 태운 다음 차문을 닫을 수 있으니까 훨씬 힘이 덜 든다.

셋째, 쌍둥이와 함께 여행할 때는 항상 시간을 두 배로 잡는다. 두 아이를 동시에 차에 태우고 내리고 유모차에 태우고 다시 차에 태우고 유모차를 접어 넣고 하다가 보면 시간이 항상 초과되기 쉽다. 특히 비행기나 기차처럼 시간을 다투는 여행에서는 항상 더 넉넉하게 시간을 계산해야 한다.

공항이나
여객터미널은
신나는 놀이터다

자동차 여행 과정을 우수한 성적으로 수료한 아이들은 더 어려운 과제에 도전할 수 있다. 비행기나 기차, 혹은 여타의 교통수단을 이용한 장거리여행이 바로 그것이다. 비행기나 기차를 이용할 때는 부모가 아이들의 놀이도구를 직접 짊어지고 다녀야 한다.

그래서 부모의 상상력이 매우 중요하다. 장난감을 보관할 트렁크도 없고, 지저분하거나 끈적이거나 냄새 나는 물건들을 따로 담아둘 곳도 없기 때문이다. 무엇보다 마음대로 멈추거나, 마음대로 출발하거나, 휴식을 취하거나, 그냥 포기하고 집으로 돌아갈 수도 없다.

좋은 점은 공항이나 여객선 터미널이 아이들에게는 더없이 멋지고 신나는 곳이라는 것이다. 아마 아이들은 여행 내내 눈을 동그랗게 뜨고 열심히 따라다닐 것이다. 그러니 너무 걱정하지 말고 차근차근 준비해 보자.

이쯤에서 내가 휴가 여행에 에비를 데려갈 때 극도로 겁을 먹었다는 사실을 고백해야겠다. 완벽주의자 기질이 있는 나는 여행을 떠나기 전에 온갖 사소한 사항들을 미리 계획해야 한다고 생각했다.

"그런데 숙소에 발코니가 있나요? 두 살짜리 아이가 틈새에 끼지는 않을까요? 우리가 묵을 방의 문이 수영장 쪽으로 나 있나요? 계단에 난간이 있나요? 호수에는 울타리가 있나요?"

내가 어쩌나 질문을 많이 했는지 나중에는 여행사 직원과 프랑스 민박집 주인이 진절머리를 낼 정도였다.

에비는 두 돌 가까이 돼서 처음으로 비행기를 탔다. 마조르카 섬까지 가는 짧은 비행이었지만 나는 어찌나 걱정이 됐는지 몸을 움직이기도 힘들었다. 누가 봤으면 우리가 볼리비아 탐험이라도 가는 줄 알았을 것이다. 규정상으로는 에비를 내 무릎에 앉혀서 함께 갈 수 있었지만 나는 비행기표를 하나 더 사서 아이 아빠와 나 사이에 에비의 좌석을 마련해야 한다고 우겼다. 아이가 세 시간 동안 자기 자리도 없이 이곳저곳 돌아다니는 상황을 생각하면 난감하기 이를 데 없었다. 아이가 울거나 버둥거리거나 조종사에게 말을 걸지도 모른다는 생각마저 들었다.

막상 뚜껑을 열어보니 에비는 여행의 전 과정을 정말 좋아했다. 아이 좌석이 따로 있어서 편하긴 했다. 에비는 만 2세 미만이었으므로 비행기가 이착륙할 때는 어른의 무릎에 앉아 있어야 했지만, 비행 중에는 1시간 이상 자기 자리에 앉아서 테이블을 펼쳐놓고 재미있게 놀았다. 하지만 솔직히 말하자면 자리가 없었더라도 에비는 괜찮았을 것이다. 에비는 비행기 승무원들과 공항을 좋아했고, 유아용 카시트가 없는 택시(헉!)도 좋아했고, 우리 방 앞에 있던 수영장도 좋아했다. 평소에 잠자리에 드는 시간인 저녁 7시가 지나면 피곤해 할 거라는 나의 예상과 달리, 에비는 저녁마다 우리가 식사를 끝마칠 때까지 기분 좋게 깨어 있었다.

돌아오는 길에는 비행기가 새벽 2시까지 지연됐는데, 기다리는 동안 에비는 마조르카의 팔마 공항 대리석 바닥을 신나게 뛰어 다녔다. 무슨 추진 로케트라도 달아놓은 것처럼 기운이 넘치던 에비는 런던의 스탄스테드 공항에 도착하기 10분 전에야 내 품 안에서 행복한 미소를 머금고 잠들었다.

나는 매사에 걱정이 많은 사람이다. 그런데 나중에 가보면 대부분은 쓸데없는 걱정이었다는 사실이 밝혀진다. 사실 아이들이란 변화에 적응하는 능력이 뛰어난 존재다!

나 같은 엄마가 하나 더 있다. 네 살인 헤더와 이제 갓 돌을 지난 머레이를 키우는 캐롤라인이다.

"저는 스코틀랜드에서 런던의 스탄스테드 공항까지 자주 왔다 갔다 한답니다. 저는 어느 정도는 뻔뻔하게 말할 줄도 알아야 한다고 생각해요. 항공사 직원이나 공항 직원의 말을 곧이곧대로 믿지 마세요. 그 사람들에게 '아이를 데리고 혼자 여행 중인데 유모차를 게이트로 가져가도 될까요?' 하고 물어보면 괜찮다고 대답하거든요. 그런데 막상 게이트에 가보면 그곳 직원들은 수하물로 맡기고 오라고 한답니다. 그럴 때 저는 '그럼 유모차를 맡기고 올 때까지 당신들이 도와줘요'라고 말하면서 아이와 가방을 냅다 떠맡겨요. 그럼 직원들도 뭐라고 못하죠. 필요할 때는 돈을 내고 도움을 받으세요. 5파운드만 더 내면 비행기에 미리 탑승할 수 있어요. 공항에도 여러 가지 유료 서비스가 있고요."

공항에서 써먹을 만한 요령

- 평소에 끌고 다니던 무거운 고급 유모차 대신 제일 싸고 가벼운 유모차를 가져간다. 날씨가 따뜻하다면 비 가리개나 바람막이는 필요 없다. 만약 유모차가 보관소에서 찌그러지거나 상하더라도 저렴한 제품이면 경제적 타격이 크지 않을 것이다.
- 풍선 한 봉지를 준비한다. 풍선은 부피가 작고 가벼울 뿐 아니라 비행기가 지연될 경우에 아이들과 재미있게 놀아주는 데 최고다.
- 미아방지용 이름표 팔찌를 채우거나 아이의 팔에 볼펜으로 전화번호를 써놓자. 아이들이 공항 안에서(혹은 해변에서) 아장아장 걸어다니다가 길을 잃을지도 모르니까.

● 에어매트를 가져가도 좋다. 잭(2세)의 아빠 마크는 스페인 여행을 가면서 에어매트를 가져갔는데 밤에 비행기가 몇 시간이나 연착 되자 공항에 펼쳐놓고 잭을 재웠다고 한다. 잭은 재미있는 놀이라고 생각했는지 기분이 좋아져서 담요와 곰인형을 가지고 금세 잠들었다.

● 장거리 비행을 할 때는 아이를 안정시키기 위해 집에서 잘 때 쓰는 베개와 장난감을 가져가라. 아이들을 안정시키는 데는 냄새도 무척 중요하다. 캘럼(3세)의 엄마 앤지는 야간등이 달린 베이비모니터도 가져간다고 한다. 숙소에서 아기가 자는 동안 엄마는 편안히 맥주 한 잔을 할 수도 있어서란다.

● 막대사탕을 가져가라. 도저히 통제가 안 될 때 꺼내면 적어도 5분 동안은 아이들이 조용해진다.

● 멀미용 봉투를 준비한다. 그림을 그리거나, 종이접기를 하거나, 지갑이라고 하면서 돈을 넣거나, 사탕가게 놀이를 해도 된다.

● 팬티형 기저귀나 젤리형 소변봉투를 준비한다. 대소변을 가릴 줄 아는 아이라도 마찬가지. 어떤 엄마는 활주로에 한 시간 동안 갇혀 있으면서 화장실에 가지 못했다고 한다. 아이가 옷에 오줌을 싸는 것보다는 기저귀를 채우는 게 낫지 않겠는가?

● 비행기 에어컨 바람이 추울 수도 있으니 여벌의 옷을 미리 꺼내 휴대하라.

비행기 여행에 필요한 준비

● 비행기 좌석을 미리 배정받는다. 화장실과 가까운 자리가 좋다.

● 식사가 나오는 비행이라면 어린이 메뉴를 달라고 미리 이야기한
다. 정식 어린이 메뉴가 아니어도 성인용 비프 부르기뇽(와인에 요
리한 일종의 쇠고기 스튜—옮긴이)보다는 낫다.

● 카시트를 사용할 수 있는지 확인해보자. 어떤 항공사는 좌석에 카
시트를 매고 아이를 앉히는 일을 허용한다.

● 아이에게 적당한 액수의 돈을 주고 공항에서 마음에 드는 걸 사게
해주자.(무엇을 사는지 주의 깊게 보아야 한다) 구입한 물건은 아이의
손가방에 넣어두게 한다. 작은 조각들로 이루어져 있어 잃어버리
기 쉬운 장난감은 피하자. 레고나 플레이모빌을 가지고 놀다가 해
적 모자라든가 자동차 바퀴가 앞좌석 밑이나 통로로 데굴데굴 굴
러가버리면 최악이다.

● 말로 하는 게임도 괜찮다. 눈에는 잘 보이지만 말소리가 들리지 않
을 위치에 있는(이건 정말 중요하다) 사람을 선택해서 알아맞히기
게임을 해보자. "분홍색 잠바를 입은 여자 보이지? 결혼했을 것 같
니? 직업은 뭘까? 아이들이 있을까? 어떤 차를 몰고 다닐까?" 이
런 질문을 던지면 아주 우스꽝스러운 대답이 나올지도 모른다.(어
른들은 웃음을 터뜨리겠지만 아이들은 꽤 진지하다)

● 설탕이나 첨가물이 들어간 간식을 너무 많이 먹이지 않도록 조심
해야 한다. 아이가 지나치게 흥분할 수 있으니까.

● 모든 방법이 실패한다면 아이를 데리고 화장실에 들어가서 문을

잠그고 있어 보자. 그러면 적어도 다른 승객들이 얼굴을 찌푸리는 모습은 보지 않아도 된다.

캐런이 두 살 된 톰을 데리고 비행기 여행을 했을 때의 이야기를 들어보면 사탕이나 식품첨가물이 든 제품을 얼마나 먹여야 할지 알 것이다.

"두 살짜리 톰과 함께 비행기 여행을 마치고 미국에 도착했을 때의 일이에요. 그곳 공항에는 아주 근엄한 표정으로 총을 들고 있는 여권 검사관이 있었죠. 그런데 대서양을 건너는 내내 이것저것 먹어댔던 톰이 완전히 흥분해서는 '거지', '응가', '냄새 나'와 같은 이상한 소리를 지르면서 경계표시용 줄에 매달려 그네를 타고 뛰어 다니는 거예요. 그러자 여권 검사관이 저에게 '아주머니, 아들을 진정시켜 주시지요!'라고 소리치더군요. 8시간 동안 탄산음료와 단 것을 먹도록 내버려두지 말았어야 했는데……."

쌍둥이를 데리고 비행기를 탈 때는 무진장 힘들거라는 각오가 필요하다. 쌍둥이와 함께 쉽게 여행하는 방법은 없다고 해도 과언이 아니다. 아이가 만 2세가 되기 전에는 비행기 요금을 내지 않아도 되지만 부모가 아기를 계속 무릎 위에 앉히고 여행해야 한다. 식사를 하기도 여간 어렵지 않다.

제인은 두 살배기 에단과 한나 말고도 위에 다섯 살 에밀리까지 데리고 여행을 다닌다.

　"그래도 우리가 하고 싶은 일은 다 하면서 다니자는 사고방식을 가져야 해요. 아이들이 어리고 데리고 다니기 힘들다는 이유로 해외 여행을 계획조차 하지 않는 건 아니라고 생각해요. 우리는 해외에 나갈 때 항상 작은 유모차를 두 개 가지고 갑니다. 늘 쓰던 쌍둥이용 유모차는 유럽의 좁고 울퉁불퉁한 인도에 적합하지 않고 건물의 출입구에도 맞지 않거든요. 공항에서 한 명이 카트를 밀고 다른 한 명이 유모차 두 개를 밀어야 하는 상황이 되면 어렵긴 하죠. 우리는 어쩔 수 없이 쌍둥이들의 누나인 에밀리에게 유모차 하나를 밀어달라고 부탁합니다. 그래도 낯선 사람들이 선뜻 도와주려고 나설 때면 얼마나 고맙고 기분이 좋은지 몰라요."

● 모유 수유 중이라면 기차나 비행기 여행이 유리하다

만화영화 〈토마스와 친구들〉을 보면서 자란 아이들은 기차여행을 좋아할 가능성이 높다.

기차여행을 위한 준비

● 아이들이 알지 못하는 물건이나 놀이도구를 많이 가져간다. 세 아들과 기차 여행을 자주 한다는 엄마 로니의 조언을 들어보자. "저는 하얀 종이 몇 장을 접어서 작은 가방에 넣어 가져갑니다. 15분 정도 간격으로 아이 한 명이 종이에 그림을 그리면 나머지 사람들이 무엇인지 알아맞히는 게임을 하는 거죠. 어떤 행동이나 음식을 그림으로 표현해야 해요. 이를테면 '종이와 펜', '뷔페 가기', '핫

케이크', '스파이 놀이' 같은 답이 나올 수 있죠."

● 짐은 가능한 한 가볍게 해서 가져간다. 커다란 유모차는 집에 두고 가벼운 유모차를 가져가되, 유모차 밑에 달린 바구니에 장난감과 놀이도구를 가득 넣어 가자. 배낭을 메고 다니면 두 팔이 자유로워서 좋다.(아이들에게도 작은 배낭을 메게 하자)

● 플랫폼에서 유모차를 끌고 가다가 계단이 나오면 장애인 전용 표시를 찾아보라.(대부분의 나라에서는 휠체어를 탄 사람이 그려진 파란색 마크를 찾으면 된다) 그러면 숨겨진 엘리베이터나 경사면이 나올 것이다.

● 기차여행을 밤에 해보면 어떨까? 아이들은 침대차를 타는 일을 아주 재미있어 한다. 일반 차량보다 비싸긴 하지만 장거리 여행에서 침대차는 탈 만한 가치가 있다.

● 본격적으로 기차 여행을 하기 전에 미리 경험을 쌓으면 좋다. 관광객용 열차를 찾아서 아이들과 함께 타보자. 아이들에게 기차를 타면 어떤 느낌인지 알려주면서 안전 수칙도 함께 가르쳐줄 수 있다.

● 창가 좌석을 예약한다. 가족끼리 여행하거나 단체로 여행할 계획이라면 네 사람이 서로 마주보는 좌석을 달라고 하자. 그러면 창가 쪽의 두 자리를 아이들에게 줄 수 있다.

한 마디만 덧붙이자면 장거리 여행이 악몽이라는 생각은 선입견이라는 것이다. 비행기와 기차는 갓난아기들이 제자리에 가만히 있는 유일한 장소라 할 수 있다. 물론 아기들은 잠자리에 신경을 써야 하므로 경우에 따라 여행용 간이침대를 구입해야 할 수도 있다. 하지만 모유수유를 하고 있는 엄마의 입장에서 보면 기차와 비행기는 아기를 데리고 있기가 상당히 편한 공간이다. 아기띠가 이 있으면 공항에서 유모차를 이용하지 않아도 되고, 모유나 분유를 먹인다면 메뉴에 생선튀김이 나오든 말든 상관하지 않아도 된다. 비행기나 기차 안에서는 갓난아기들이 풀장으로 엉금엉금 기어가지도 않고, 모래밭에서 놀다가 싫증을 내지도 않고, 잠도 많이 자고, 부모 곁을 떠나지 않으려 한다. 이렇게 좋은 여건을 즐길 수 있을 때 마음껏 즐기자!

너무 멀리 나서려고 하지 말라.
아이들은 가까운 공원에만 나가도
충분히 즐거워한다. 어린 자녀를 둔 부모에게는
아침에 떠나서 저녁에 돌아오는 토요 여행이 낫다.
왜냐하면 일요일에 쉬면서 체력을
비축할 수 있으니까. 가족만의 여행 말고 아이의
또래 친구가 있는 가족과 함께 여행을 떠나라.
아이들은 아이들끼리 같이 있게만
해줘도 알아서 즐긴다.

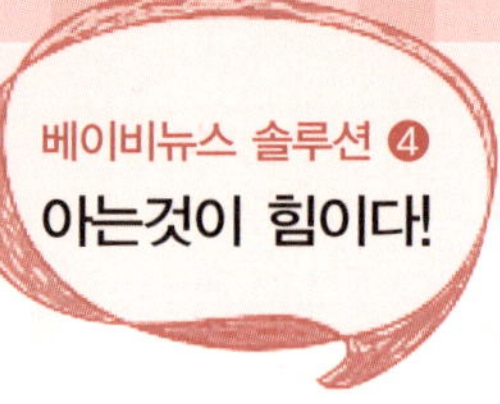

해외여행 떠날 때 신생아도 여권은 필수
여권 사진은 영유아라도 단독으로 촬영해야

아이들과 함께 해외여행을 떠나고자 한다면 가장 먼저 준비해야할 것은 바로 여권이다. 여권은 대한민국 국적을 보유하고 있는 국민이면 누구나 발급받아야 한다. 성인이든 미성년자든, 영유아든 여권은 반드시 필요하다. 갓 태어난 신생아도 여권이 있어야 해외로 떠날 수 있다는 점을 잊지 말자.

영유아의 경우 미성년자에 해당하기 때문에 여권발급신청서와 최근 6개월 이내에 촬영한 여권용 사진 1매(전자 여권이 아닌 경우에는 2매), 동의자의 신분증이 기본적으로 필요하다.

부모나 친권자, 후견인과 같은 법정대리인을 통틀어 동의자라고 하는데 미성년자의 여권을 동의자가 직접 신청하지 않는 경우에는 여권 발급 동의서와 동의자의 인감 증명서가 필요하며 행정전산망으로 가족임이 확인이 되지 않을 때는 기본증명서 및 가족관계증명서도 추가로 필요하다.

여권발급신청서는 구청에 비치돼 있다. 아이의 영어 이름과 한자, 주민등록번호와 함께 혈액형, 신장, 본적지 등을 미리 알아가는 게 좋다.

여권의 영문 성은 특별한 사유가 없는 경우에는 이미 여권을 발급받은 가족 구성원의 영문 성과 일치시키는 것이 좋다. 대리인이 영문성명을 잘못 기재해 여권이 발급된 경우에도 영문 성명의 변경은 엄격하게 제한되므로 주의해서 작성해야 한다.

여권 사진은 유아의 경우 성인 사진 규격과 동일하게 가로 3.5cm, 세로 4.5cm여야 한다. 사진 속 얼굴 길이는 머리 정수리부터 턱까지 2.0~3.5cm면 된다. 유아 단독으로 촬영돼야 하며 의자나 장난감, 보호자 등이 사진에 노출되지 않아야 하며 눈을 뜬 상태로 정면을 주시해야 하는 것은 물론이다.

여권사진의 배경은 흰색 바탕의 무배경으로 테두리가 없어야 한다. 그렇기 때문에 여권사진을 찍을 때는 영유아의 옷을 흰색이 아닌 색이 들어간 옷을 입혀 찍는 것이 좋다. 영유아 여권 사진의 경우에는 집에서 직접 촬영하는 부모도 꽤 있다.

만 8세 미만의 경우, 여권은 최대 5년 동안 사용가능한 복수여권으로 만들 수 있다. 미성년자의 경우 얼굴이 빠르게 변하기 때문에 입국을 거부당하는 것을 사전에 방지하기 위해 유효기간이 최대 5년까지인 복수 여권이나 단수 여권만 만들 수 있다. 복수 여권의 수수료는 3만 5,000원이며 1년 동안 사용 가능한 단수여권의 경우에는 1만 5,000원의 수수료가 든다. 단, 단수여권은 국제교류기여금 5,000원이 추가된다.

여권은 신청 후 통상적으로 7일 이내에 발급된다. 신생아를 키우고 있어 외출이 여의치 않다면 택배서비스를 이용하는 것이 좋다. 여권을 발급받았다면 서명을 해야 하는데, 서명을 할 수 없는 영유아의 경우 보호자가 아이의 이름을 쓴 후 그 옆에 자신의 서명을 하면 된다.

영유아의 경우 통상적으로 생후 7일 이상이 지나야 비행기 탑승이 가능하다. 만 24개월 미만의 영유아는 국제선의 경우 성인 정상운임의 10%만 내면 되며, 국내선은 무료로 이용할 수 있다. 영유아와 함께 여행할 때는 항공사별로 제공되는 다양한 혜택이 있기 때문에 해당 항공사에서 미리 확인을 한 후 비행기에 탑승하는 것이 좋다.

여권에 관한 문의사항은 외교통상부 여권 안내 홈페이지(www.passport.go.kr)나 거주지 구청, 시청, 도청 등에 문의하면 자세히 안내받을 수 있다.

Part 05

의복

신생아 옷에 욕심낼 필요는 없다

예비 부모들이 아무 걱정도 없이 재미와 기대를 한껏 부풀리는 게 바로 아이 옷 준비가 아닐까 싶다.

심지어는 아이들이 많은 부모도 새 아이가 태어나려 하면 감상적이 되어서 유아복 매장의 '신생아 옷' 코너를 서성거리곤 한다.

모든 부모는 자녀가 몇 살에 어떤 모습일지 마음의 눈으로 그려본다. 처음에는 분홍색 드레스나 작은 멜빵바지를 입은 모습이 눈앞에 그려지고, 다음에는 단정한 점퍼와 셔츠 또는 길거리에서 유행하는 티셔츠를 입은 모습, 머리를 땋거나 나비넥타이를 맨 모습, 운동화나 부츠를 신은 모습 등이 그려진다. 그래서 아이가 태어나고 몇 년 동안은 부모가 자신의 상상에 흠뻑 빠져서 아이의 외모를 자기 취향대로 꾸민다.

그러다가 아들이 바가지머리와 골덴바지를 거부하고 짧은 머리와 힙합바지를 원하게 되고, 딸이 레이스 달린 옷이나 드레스가 싫다면서 배꼽티와 청바지를 입겠다고 하면서부터 부모의 환상은 깨지고 말지만 말이다.

처음 몇 년간 앙증맞은 옷들을 보며 기뻐하던 시기가 지나면 부모들은 다음과 같은 사실을 깨닫게 된다.

- 아이 옷은 비싸다.
- 옷은 줄어들고 색이 바래고 얼룩이 진다.(값이 비싼데도 그렇다!)
- 언젠가는 아이가 스스로 옷을 입어야 한다.
- 언젠가는 아이가 부모가 골라주는 옷을 거부하고 가게에서 자기 옷을 직접 고르기를 원할 것이다.
- 외출하려고 하면 아이가 이상한 옷을 입겠다고 고집 부릴 때가 온다. 인기 에니메이션 캐릭터 파워레인저 의상이나 요정 날개가 달린 옷을 입고 외출 할 때도 있다.

그렇다면 아이 옷을 어떻게 준비해야 할까? 일단 마음에 드는 옷을 충동구매로 몇 벌 사라. 주름장식이 가득 달린 드레스나 귀여운 멜빵바지 등 실용성과는 거리가 멀지만 사주고 싶은 옷을 몇 벌 사라. 이건 출산을 기다리며 누리는 특별한 기쁨 가운데 하나이므로 누가 뭐래도 절대 죄책감을 느낄 필요가 없다. 사온 옷들을 예쁘게 고정시켜서 옷장에 걸어놓자. 그러고 나서, 아니 꼭 그렇게 하고 나서 심호흡을 하고 실제적인 고민으로 넘어가라.

어떤 사람들은 아들이나 딸에게 다 어울리는 중성적인 색의 옷들만 사라고 권한다. 그런데 분홍색이나 파란색 옷을 사고 싶은 마음이 너무 강하거나 당분간 아이를 또 가질 계획이 없다면 중성적인 옷을 사기가 약간 어려워진다.

하지만 우비나 장화 모자 같은 몇 년을 두고 써야 할 물건이나 유행을 크게 타지 않는 소품들은 중성적인 것으로 사는 게 좋다. 물려주기도 쉽고 벼룩시장에서 팔기도 훨씬 쉽기 때문이다. 그리고 조끼나 잠옷, 이불보 등은 흰 바탕에 파란색이나 분홍색의 깜찍한 무늬가 작게 박혀 있는 것을 고르는 게 좋다. 누가 써도 상관없게 말이다.

아이 옷을 몇 벌이나 살지는 냉정하게 따져보아야 한다. 분명히 다른 사람들이 아기 옷을 많이 선물할 것이고, 아이의 형제자매나 사촌, 친구들이 입던 옷을 물려받을 가능성도 있다. 그러니 옷을 미리 대량으로 구매할 필요는 없다. 특히 아이가 기어다니기도 전에 입는 옷은 거의 외출복으로 쓸 한두 벌이면 족하다.

기어다니기 전에는 닳지도 않을 뿐더러 금방 자라서 한두 달이면 못 입게 되니까 신생아 옷에 욕심을 낼 필요는 없다. 그리고 선물로 받은 옷은 상표를 떼지 말고 일단 갖고 있는 옷과 비교해야 한다. 계절이나 체격에 맞지 않는 옷들이 있을 수 있으니까 선물해 준 사람에 미리 양해를 구해 바꿀 수 있게 준비한다.

알다시피 아기 옷에는 으레 얼룩이 진다. 턱받이를 적극 활용하자. 에비는 돌 때까지 옷에 토한 자국을 줄곧 달고 다녀서 우리는 턱받이를 패션 소품 비슷하게 여기기로 했다. 몇 달 동안 해야 하기 때문에 여러 장 필요하고, 색색별로 갖추면 그것도 훌륭한 베이비 패션이 된다.

아기 옷 준비에 도움이 되는 팁

- 아기 옷은 신생아용보다 0~3개월용으로 사자. 소매는 접어 올리면 되고 바지가 헐렁한 건 문제되지 않는다. 대부분의 아기들은 신생아용 옷을 2주 정도밖에 입지 못한다.
- 우주복 스타일의 잠옷은 발을 감싸는 부분이 없는 것으로 사야 오래 입는다.
- 우주복의 다리 부분만 잘라내면 여름에 입는 반바지가 된다.
- 턱받이의 찌든 얼룩은 소독약에 담가 두면 빠진다.
- 작아진 아기옷은 일단 보관했다가 아이가 크면 인형 옷으로 만들어줄 수 있다.
- 맞춰 입을 옷들을 생각하자. 아무 옷과도 어울리지 않는 옷은 살 필요가 없다.
- 아기들이 슬리핑 백 지퍼를 내릴 줄 알게 되면 백을 뒤집어서 쓰

자. 조금은 성가시겠지만 이렇게 하면 아이들이 지퍼를 내리기가 정말 어려워진다.

● 우주복은 기저귀를 교환할 수 있도록 다리 부분에 똑딱단추가 달린 제품을 구입한다. 우주복 스타일의 잠옷을 사려면 똑딱단추가 앞쪽에 달린 제품이 좋다. 단추가 등 쪽에 있으면 가슴 부분의 디자인은 예쁘겠지만, 한 줄로 달린 금속 단추를 깔고 자는 게 과연 편할까?

● 세탁과 건조가 쉬운 옷을 구입하라

아이가 유아기에 접어들면 친척이나 친구들이 옷을 사주는 일이 점점 줄어든다. 그런데 이 시기에는 아이들의 움직임이 많아져서 옷이 빨리 닳기 때문에 옷이 더 많이 필요하다. 더구나 옷 자체의 가격도 아기 때보다 비싸다.

바로 이때가 돈을 현명하게 써야 할 시기다. 백화점에서만 옷을 살 이유는 없다. 인터넷에도 예쁜 아이들 옷을 파는 곳이 많고, 시장이나 마트에서도 살 수 있다. 예산만 놓고 보자면 유명 브랜드 옷과는 극과 극이다. 그렇지만 비용만 생각지는 말고 옷의 질도 꼼꼼하게 따져봐야 한다. 다른 품목도 그렇겠지만 옷에 관한 한 엄마들의 소비 형태는 극과 극이다.

"브랜드 옷을 세일할 때 사는 게 좋아요. 그런 옷들은 오래 입을 수 있거든요. 몇 번 입고 버릴 옷이거나 집안에서만 입을 옷이라면 마트에서 사세요. 값싼 옷은 한 번만 빨아도 색이 바래고, 크기가 줄거나 모양이 변하고, 보풀이 일어나기 일쑤지요. 제대로 쇼핑하러 갈 시간이 없을 때에는 이런 옷들이 매력적이지만 결국에는 돈 낭비예요."

이렇게 말하는 엄마가 있는가 하면, 백화점 옷을 불신하는 엄마도 있다.

"제가 음식물 얼룩을 지우는 일에 서툴렀던 초기에 시장 옷을 요긴하게 활용했답니다. 브랜드 옷들도 때로는 사이즈가 각기 다르거나 단추가 이상한 위치에 있더라고요. 등에 단추가 달린 신생아용 잠옷이라니…… 입히기도 귀찮고 아기가 누워 있기도 불편하죠. 그래서 저는 최신 유행 문구가 들어간 티셔츠라면 무조건 좋아한답니다."

영국에서는 장난감 은행과 비슷한 옷 은행을 하고 있는 엄마들도 있다. 어떤 한 집을 정해놓고 그 집 다용도실에 옷을 세탁해서 갖다 둔다. 각자 사이즈가 적어서 못 입게 된 옷이나 크리스마스나 생일 등 이벤트에 입는 옷을 갖다 두고 필요한 옷을 가져다 입는다. 물론 다 입은 다음에는 세탁해서 다시 가져다 놓는 방식이다. 하지만 예민한 엄마라면 이런 건 꿈도 못 꾸지 않겠는가. 그래서 준비했다. 다음은 의류 구입비를 절약하는 요령이다.

의류 구입비를 절약하는 요령

● 짝이 맞지 않는 아이 양말들도 버리지 말고 집안에서 신게 하자. 아이들은 짝이 안 맞는 양말을 더 좋아할 때도 있다. 아니면 처음부터 양말을 잘못 신는 일이 없도록 작은 세탁망이나 끈 달린 주머니를 이용해서 분류를 잘 하자.

● 허리는 아직 맞는데 길이가 너무 짧아진 바지는 다리 부분을 잘라서 여름용 반바지로 입힌다.

● 장갑이나 양말은 똑같은 제품을 두 켤레 이상씩 구입한다. 그러면 한 짝이 없어져도 새것을 사지 않고 짝을 맞춰 쓸 수 있다.

● 세탁과 건조가 손쉬운 옷을 구입한다. 자칫하면 비싼 원피스를 다림질할 시간이 없어서 입혀보지 못하고 옷장 안에만 고이 모셔두는 사태가 발생하니까.

아이가 옷에 관심이 생기기 시작하면 색다른 옷뿐만 아니라 옷장에 있는 옷이란 옷은 모두 입어보려 한다. 이 시기가 되면 아이가 유치원이나 학교에 갈 때를 대비해서 스스로 옷을 입고 벗도록 유도해야 한다. 체육시간이나 수영시간이 되면 혼자 옷을 갈아입을 수 있어야 되지 않겠는가.

사실 아이들은 혼자서 옷을 잘 갈아입으려 하지 않는다. 바쁜 아침 시간에 쫓겨서 얼른 준비하고 내보내려는 욕심에 혼자 갈아입을 수 있어도 부모가 입혀주기 일쑤다. 이렇게 하다보면 아이들은 어느새 혼자 옷을 갈아입는 것보다는 부모가 옷을 갈아입혀 주는 걸 당연하게 생각하고 잔소리하기 전에는 양말 하나도 세탁 바구니에 넣지 않게 된다.

일단 시간적 여유가 있는 저녁 시간에 옷 갈아입기를 가르쳐 보자. 혼자 하기 어려운 지퍼나 단추 등은 도와주고 스스로 옷을 벗어 세탁 바구니에 갖다 넣도록 시켜라. 아이가 어릴수록 이런 훈련에는 빨리 적응하므로 될 수 있으면 어릴 때 하는 게 좋다.

또 아이들은 벗고 돌아다니기를 좋아한다. 엄마는 감기라도 걸릴까봐 또 발가벗고 돌아다니는 게 마뜩잖아서 큰 소리를 지르면서 옷을 입으라고 한다. 이럴 때는 실내온도를 낮춰서 아이가 추우니까 옷을 입어야겠다는 생각이 들도록 유도하는 것도 하나의 방법이 된다.

혼자 옷 입는 법

- 상의는 앞쪽에 무늬가 있는 것으로 장만하자. 그래야 어느 쪽이 앞인지 알기가 쉽다.
- 아이에게 상표가 붙어 있는 쪽이 등이라고 알려주자. 상표가 없는 옷은 등 쪽에 잘 지워지지 않는 펜으로 표시를 해준다.
- 아이에게 단추와 똑딱이는 아래에서 위로 채우라고 가르치자. 그러면 위에서 아래로 채우는 것보다 훨씬 쉽게 느껴질 것이다.
- 여아용 속바지는 리본이나 무늬가 있는 제품을 구입한다. 남아용 속옷의 경우는 앞부분의 모양이 달라서 훨씬 알기 쉽다.
- 신발의 안쪽에 그림이나 글자, 스티커 따위로 표시를 해주자. 그러면 어느 쪽 발에 신어야 하는지 알기가 쉽다.

● 신발 끈을 매기 전에 물을 약간만 뿌려주자. 그러면 매듭이 훨씬 단단하게 만들어지고 쉽게 풀리지 않아서 좋다.

혼자 옷 입는 법을 익히고 나면 아이는 친구들이 어떤 옷을 입는지에 관심이 많아질 것이다. 유치원에 들어가고 나서는 더더욱. 여기서부터 부모의 고민이 시작된다. 아이들에게 자기가 입을 옷을 직접 고르게 해야 할까? 특히 여자아이들은 양말부터 팬티까지 제 취향대로 골라 입으려고 떼를 쓰기 시작하면서부터 머리핀 고르기까지 시간이 걸리므로 남자아이보다 옷 갈아입히는 데 훨씬 더 많은 소모전이 생긴다. 때에 따라서는 한 겨울에 여름 수영복을 입겠다고 고집하고 비가 오지 않는 날도 모자 달린 우비를 입겠다고 해서 부모를 곤란하게 한다. 네 살밖에 안 된 아이도 엄마처럼 하이힐을 신고 싶다고 사달라고 조르다가 안 되면 울고불고 떼를 쓴다.

그래서 올리비아(3세)의 아빠는 올리비아에게 일정한 한도 내에서 선택권을 주는 방법을 쓰기 시작했다. ‘어떤 옷을 입을래?’라고 묻지 않고 ‘청바지와 분홍 바지 가운데 어느 것을 고를래?’라고 묻는다든지 ‘빨간색 카디건이 좋니, 노란색이 좋니?’라는 식으로 물어보는 것이다. 그렇게만 해도 올리비아는 자신이 어른처럼 무언가를 선택한다는 느낌을 받는다고 한다. 그럼 부모는 부모대로 아이가 형편없는 옷차림으로 집을 나서지 않게 되어 좋다는 것이다.

유치원이나 어린이집에 가야 하는 바쁜 아침처럼, 아이와 의논

할 시간이 없을 때도 있다. 이런 경우에는 전날 밤에 아이가 옷을 미리 골라놓게 한다.

쌍둥이, 특히 일란성 쌍둥이는 옷을 골라 입히기가 만만치 않다. 두 아이를 구분할 필요가 있다면 서로 다른 옷을 입히는 게 좋다. 쌍둥이가 교복이나 원복을 입는 경우 선생님이 아이들을 구별할 수 있어야 하므로 여자 아이들에게는 다른 색깔의 머리방울을 달아주고 남자 아이들에게는 시계, 양말, 신발, 손목밴드 따위의 색깔을 달리하면 좋다. 겉옷도 똑같이 입히는 일은 피하고 적절한 조화를 추구하자. 예컨대 디자인은 같고 색깔만 다른 옷을 입히는 방법이 있다.

만약 아이가 머리부터 발끝까지 스파이더맨 복장을 하고 외출하려 하거나, 바비 인형보다 더한 공주풍 옷을 입고 고등학교 댄스파티에 가기를 간절히 원한다면 어떻게 해야 할까?

그건 전적으로 부모의 성격과 교육방침에 달린 문제다. 어떤 엄마들은 아이들을 엄격하게 통제해서 색다른 의상은 집안에서만 입게 한다. 반면 옷 입는 문제로 날을 세울 필요가 없다고 여기는 엄마들은 아이들이 무엇을 입든 너그럽게 봐준다. 그런가 하면 아이가 다섯 살이 됐는데도 옷에 별반 관심이 없으면 커다란 문제가 있는 것처럼 호들갑을 떠는 엄마들도 있다.

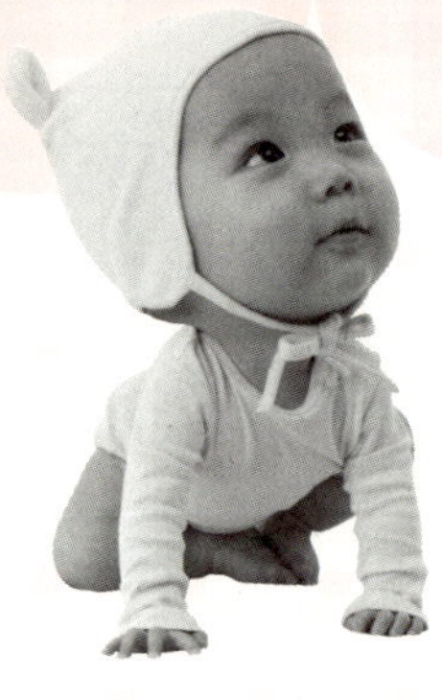

아기 옷 갈아입히기, 이렇게 하면 쉬워요
두세 벌 준비해서 선택할 수 있도록 해야

아기를 키우다 보면 별게 다 어렵다. 힘든 것이 한두 가지가 아니지만 옷을 입히는 것도 정말 힘들다. 옷을 갈아입히거나 기저귀를 갈아주려고 들고 오는 것만 보면 도망친다. 억지로 잡아다 입히려면 몸살을 한다. 아기는 엄마 속 태우기로 작정한 것처럼 급한 때 더 난리를 친다. 옆집 아기 엄마는 소리를 질러 아기를 꼼짝 못하게 하고 옷을 갈아입히는데 아기가 기가 죽는 모습을 보고 그러면 안 되겠다 싶어 얌전하게 갈아입히려 하는 것인데 그걸 이용이나 하듯 옷 입힐 때마다 속을 썩인다. 이런 엄마들을 위해 미국 아기 부모들을 위한 온라인 잡지 왓투익스펙트(whattoexpect.com)가 아기들이 옷을 갈아입기 싫어하는 이유와 해결책을 제시하고 있다. 이중 핵심 부분만 간추려서 전한다.

원인

아기들은 잠시도 가만히 있지를 못한다. 옷이나 기저귀를 갈아입히거나 채우는 짧은 시간도 아기들에게는 힘들다. 또한 기저귀 발진이 있을 수도 있고, 기저귀나 옷이 아프게 느껴질 수가 있다.

알아야 하는 것

옷 갈아입히는 것이나 기저귀 갈아주는 일이 생각보다 그리 오래가지 않는다. 어느 날 갑자기 아기가 스스로 변을 가려 기저귀가 필요 없게 되고, 생각보다 빨리 아기 스스로 옷을 갈아입게 될 것이다. 옷 갈아입히는 시간들이 지나면 오히려 그런 시간들이 그리워질 수도 있다고 생각하고 옷 갈아입히는 일을 힘들어 하기보다는 즐기는 시간으로 만들어 보는 것도 좋다.

해결책

아기가 날뛴다고 엄마도 덩달아 마음이 흐트러지면 안 된다. 끝까지 차분함을 잃지 말고 시도해야 한다. 옷을 갈아입히기 전에 먼저 해야 하는 일이 있다. 무조건 옷만 입으라고 강요할 것이 아니라 옷 입히기 전단계로 아기에게 안정감을 줘보자.

첫 단계로 아기를 꼭 끌어안아주거나 키스를 해줘 분위기를 잡는다. 이럴 경우에 아기들은 무장해제를 하게 된다.

갈아입힐 옷을 한 벌만 준비하는 것은 바람직하지 않다. 두세 벌을 준비해서 그 중에서 고르라고 선택의 기회를 주자. 아기가 만약에 옷이 마음에 안 들어서 그런 경우에는 효과를 볼 수가 있다. 왓투익스펙트는 세벌 이상은 준비하지 말라고 조언했다.

평소에 옷 입는 연습을 해 두면 옷 입는 일에 익숙해져 필요한 때 어렵지 않게 갈아입힐 수가 있다. 어려서 단추 끼우는 것은 힘들더라도 가볍게 손이나 발을 옷에 넣는 일 등을 스스로 하게 되면 재미를 붙여 옷을 입을 때 거부감을 느끼지 않을 것이다.

시간도 중요하다. 급히 입히기 보다는 미리미리 입혀 두는 것도 바람직하다.

다양한 방법을 사용하자. 현명한 엄마는 '와서 옷 입어' 같은 천편일률적 방법을 사용하지 않아야 한다. 예를 들자면 기저귀를 갈아 줄 때 엄마가 기저귀를 머리에 쓰면서 '이렇게 하는 거지?' 라고 말하면 아이는 깔깔 웃으면서 틀렸다고 말하며 기저귀를 제대로 찰 것이다. 다른 곳으로 정신을 흩트려 놓고 시도해 보는 것도 좋다. 장난감을 주고 거기에 정신 파는 사이에 옷을 갈아입힌다.

아기가 옷이 몸에 맞지 않거나 옷에 상표 등이 몸에 닿는 것이 싫어서 갈아입으려 하지 않을 수도 있다. 아기들은 아직 어려 그런 것들을 명확하게 표현하지 못할 수가 있다. 엄마가 알아서 제거해 줘야 한다. 옷이 너무 작거나 거칠거나 혹은 상표가 붙어 있는 것들은 피하는 것이 좋다.

아이를 위해서나 부모를 위해서나 옷 갈아입히는 일은 최대한 빨리 끝내는 것이 좋다.

Part 06

청결

때를 놓치면 더 많은 시간을
잡아먹는다

씻는 시간을 즐겁게 하는 도구를 활용하자

아이가 태어나고 몇 주가 지나면 청결에 대한 기준이 예전과 완전히 달라져 있는 부모가 많다. 생각없이 집어드는 떨어진 쿠키, 물티슈로 대강 쓱싹쓱싹 닦던 책상에서 벗어나 알콜소독제와 마른 걸레가 손에 들려져 있게 된다. 아이를 병원에서 낳아 데려오기 전 소독업체를 불러서 침대와 소파까지 다 살균 클리닝을 하는 부모도 있는가 하면 적당한 오염이 면역력을 키워준다고 주장하는 부모도 있다.

어떤 부모가 되었든 아이가 태어나기 전보다는 더 많은 시간과 노동을 청소에 할애하는 것만은 분명해 보인다. 별 생각 없이 늘 해왔던 일인데도 끊임없이 전략을 수립하고 불굴의 의지와 지혜를 발휘하게 만든다. 똑같은 일을 끝없이 되풀이한다는 점에서는 시지프스의 노동과도 비슷하다.

부모가 할 일은 크게 두 가지로 나뉜다. 첫째, 아이의 몸을 청결하게 해야 한다. 그리고 아이에게 스스로 씻는 법을 가르쳐야 한다. 둘째, 아이와 접촉하는 모든 물건을 깨끗하게 관리하는 것이다.

첫째 임무부터 시작해 보자. 내 생각에는 두 가지 중에 아이의 몸을 청결하게 하는 일이 더 쉬운 것 같다. 물티슈 몇 장이나 목욕 한 번이면 웬만한 더러움은 없어지니까 말이다. 하지만 아이 스스로 씻는 습관을 들이는 일은 결코 간단하지 않다.

아이가 혼자 씻을 수 있는 시기에 부모가 씻겨줘 버릇하면 시기를 놓쳐서 혼자서는 아무것도 하지 않으려고 할 것이다. 물놀이를 실컷 한 다음 안아서 머리를 감겨주는 일은 보통 3세가 넘어가면 안 해도 되는 일이다. 뒤늦게 다섯 살 여섯 살에 머리를 뒤로 젖혀라, 엄마가 샤워기로 물을 뿌릴 거다라고 말하면 겁부터 잔뜩 먹고 만다. 뒤로 젖혀서 머리 감는 일이 두려운 일이라는 예측이 불가한 나이에 엄마가 미리 버릇을 들이는 게 나중에 실랑이 하는 일을 방지하는 길이다.

실제로 내 주변에는 여섯 살 아이와 늘 함께 목욕하는 엄마가 있다. 아이가 엄마 무릎이 아닌 목욕의자에 앉아서 머리 감는 일을 무척 괴로워하기 때문에 목욕탕이 떠나가라 우는 아이의 울음을 멈추게 하려고 아직도 아이와 함께 목욕하고 안아서 머리를 감겨주곤 한단다. 아마 사춘기에 들어서야 혼자서 목욕하려고 하지 그 전에는 늘 엄마가 함께 목욕해 주어야 할 것이다.

이처럼 목욕이나 머리 감기처럼 아이가 싫어하는 일을 할 때의 그 시작은 당연히 씻는 시간을 즐겁게 만드는 것이다. 아이가 씻는 데 재미를 느낄 수 있는 방법은 없을까?

씻기 싫어하는 아이 잘 씻기는 요령

- 머리 감기를 싫어하는 아이들에게는 솜뭉치나 천을 눈 위에 대고 있으라고 하면 좋다. 아니면 수영할 때 쓰는 물안경을 씌워보자. 아이들은 그게 멋지다고 생각할 것이다.

- 추운 날에는 샴푸통을 얼마 동안 목욕물에 담가 따뜻하게 만든 후에 쓰자.

- 말도 하고 뽀뽀도 하고 물속으로 다이빙도 하는 캐릭터 목욕 장갑은 어떨까? 에비에게는 〈발라모리〉(영국 어린이 프로그램 제목─옮긴이)에 나오는 아치 장갑과 호주 오지에 사는 동물들이 손가락마다 달린 장갑이 있었다. 둘 다 정말 훌륭한 목욕 친구들이었다.

- 목욕탕 벽의 윗부분과 천장에 사진이나 야광별을 붙이면 머리를 감길 때 아이들이 고개를 뒤로 잘 젖힌다.

- 기저귀를 갈 때 아기가 자꾸 꼼지락거린다면 천장에 재미있는 사진을 붙이거나 플라스틱 거울 따위를 손에 쥐어주면 좋다.

- 물티슈는 입구 쪽에 있는 티슈가 마르지 않도록 통을 거꾸로 놓고 쓴다. 마른 물티슈는 아이들이 싫어하니까.

- 아이가 양치질을 싫어한다면 게임을 만들어내서 해보자. 나는 에

비의 입속을 집이라고 하면서 침실, 부엌, 거실 순으로 깨끗하게
닦는 놀이를 했다.

● 칫솔을 두 개 사서 하나는 부모가 손에 들고 닦아주고 다른 하나는
아이의 손에 쥐어준다.

● 목욕을 하면서 이를 닦게 해보자. 단 입안을 헹굴 때는 세면대에서
하라고 말해주어야 한다.

● 아이를 무릎에 앉히고 정면을 보게 한 다음 부모가 뒤에서 이를 닦
아준다. 그러면 마주보면서 이를 닦아주는 것보다 한결 쉽다.

● 바디샴푸로 잘 지워지지 않는 볼펜 자국, 반영구적인 헤나 문신
을 지워보자. 스탬프 따위는 베이비 오일이나 아이리무버로 지워
보자.

● 마음대로 어지르며
놀 공간을
만들어 주라

아이 주변의 온갖 물건들을 깨끗하게 정리정돈 할 수는 없을까? 최선의 방법은 집이 지저분해지거나 엉망이 될 가능성을 사전에 조금이라도 차단하는 것이다. 그러려면 아이들이 자기 주변을 어지르고 정리할 수 있는 시스템을 만들어주어야 한다.

하지만 너무 세세한 부분까지 규칙을 정하지는 말자. 아이들은 원래 조금은 지저분하다. 그래야 아이들이다. 그렇잖아도 요즘에는 낮에 아이들을 밖에 내보내 시냇가나 풀밭이나 숲에서 흙탕물을 묻혀 가며 마음껏 놀게 하는 부모가 별로 없지 않은가. 아니, 길거리에서 공놀이도 마음대로 하기 어려운 세상이지 않은가. 집안에 있는 내내 아이들을 항균비누로 완벽하게 씻기며 지낸다면 다음 세대의 인간들은 면역 체계가 아예 없는 결벽증 환자들이 될지도 모른다.

하지만 집안의 다른 식구들을 위해서라도 어느 정도의 정리정돈은 필요하다. 물론 여기에도 몇 가지 요령은 있다.

우선 아이에게 마음대로 어지르며 놀 수 있는 공간을 마련해 주자. 물감이나 고무찰흙이 여기저기 묻을까봐 걱정이 된다면 비닐 식탁보를 깔아주고 실컷 놀게 해주자. 아이에게 가장 낡은 옷을 입히고 비닐 앞치마도 걸쳐주었다면 부모는 신경을 끄고 쉬어도 된다.

아이 방에 각각의 활동을 위한 영역이 구분되어 있다면 바닥에 발 디딜 틈도 없을 만큼 심하게 어질러지지는 않을 것이다. 아무리 좁은 방이라도 침대라든가 작은 의자만 하나 놓으면 적당한 공간 분할이 가능하다. 책을 읽는 공간, 그림을 그리는 공간, 인형이나 장난감 자동차를 가지고 노는 공간, 게임을 하는 공간 등으로 구분해보자. 그리고 물건을 수납하는 자리가 정해져 있으면 아이들이 조금이나마 정리정돈을 하게 된다. 우리는 에비의 방에 대형 문구점에서 구입한 분홍색 투명 플라스틱 박스를 일렬로 늘어놓았다.

네 살 벤의 아빠 데이빗은 선반이나 서랍의 색깔을 모두 다르게 했다. 장난감마다 해당 색깔의 스티커를 붙여 놓고 다 놀고 난 다음에는 색깔별로 집어넣기를 훈련시켰다고 한다. 의외로 아이들은 규칙에 잘 적응하는 면이 있어서 벤은 색깔 서랍을 매우 자랑스럽게 여긴다고 한다.

아이들이 스스로 정리하는 습관을 들이려면

- 작은 물건이나 조각으로 된 장난감은 투명한 상자에 넣어두자. 그래야 상자 안에 무엇이 들어 있는지, 무엇을 어디에 넣어야 할지 알기가 쉽다.
- 한 쪽이 트인 상자나 정리함을 벽에 나란히 붙여놓고 블록이나 장난감 자동차, 인형 따위를 수납하자.
- 잠자리에 들기 전에 정리정돈을 하는 습관을 들이게 하자. 정리를 빨리 끝내는 사람이 이기는 게임을 하거나 방을 가장 깨끗하게 치운 사람에게 작은 상을 주자. 스스로 치워야 한다는 사실을 알게 되면 아이들도 자기 방을 난장판으로 만들지는 않는다.

청소는 가족 모두의 일이라는 걸 알려주라

아이가 있는 집에서는 아무리 조심을 한다고 해도 옷, 카펫, 소파, 벽에 아이들의 낙서라든가 무엇을 흘린 자국이 남게 마련이다.

선풍기 날개에 끈적끈적한 것이 잔뜩 묻어 있으면 어떻게 해야 할까? 당황하지 말고 도와줄 사람을 찾자. 아무도 없으면 아이에게라도 도움을 청하자. 엄마를 도와달라는 말을 꼭 잊지 말고 하라. 그리고 물티슈를 사저오라고 하면 된다. 엄마를 도우는 일은 아이에게 지상최대의 자랑거리이다.

실제로 물티슈는 요즘 가정에서는 만능 청소기구로 통한다. 아기 용변 뒤처리는 물론 주스를 흘렸을 때나 초콜릿을 묻혔을 때, 가죽 구두에 흙이 묻었을 때 등 어디나 다 쓰인다. 물티슈 활용에는 갑론을

박이 있을 수 있다. 물티슈를 마구 쓰라고 이야기 하는 게 아니다. 나는 물티슈 장사가 아니다. 청소의 스트레스로부터 벗어나고 싶다면 주변의 편리한 용품들을 잘 쓰는 것도 도움이 된다는 이야기를 하는 것이다.

얼룩, 자국, 토사물, 진흙 제거법

- 카펫에 기저귀 크림을 떨어뜨렸을 때는 뜨거운 물에 희석한 레몬즙을 수세미나 손톱솔에 묻혀서 닦아내면 된다.
- 벽에 색연필이나 크레용으로 낙서한 자국은 헤어스프레이를 이용해서 지운다. 스프레이를 뿌린 후 부드럽게 문지르고 젖은 천으로 한 번 더 닦으면 된다.
- 방바닥에 달라붙은 찰흙은 일단 말린 후에 손톱솔이나 스웨이드솔로 제거한다. 작은 덩어리는 진공청소기로 없애면 된다.
- 껌을 떼어낼 때는 얼음 조각이 아주 유용하다. 머리카락에 껌이 묻었을 때는 땅콩버터로 살살 문지르다가 떼어내면 된다.
- 아기의 토사물을 닦아내고 냄새를 없애려면 베이킹소다를 활용한다. 베이킹소다를 뿌리고 몇 분간 방치한 후 진공청소기로 제거하면 된다.
- 스티커는 가구 광택제를 이용해서 떼어낸다. 광택제를 뿌리고 몇 분간 방치한 후 닦아 내면 된다.
- 현관에 빗자루와 쓰레받기를 놓아두면 겨울철에 유모차 바퀴에 덕

지덕지 붙은 진흙을 바로 털어낼 수 있어서 편리하다. 진흙이 옷에 배면 감자를 반으로 잘라 두드린 다음 빨면 잘 지워진다.

집안 청소를 가르치려면 아이가 어릴 때부터 같이 청소를 하는 수밖에 없다는 점을 명심하라. 이런 경험이 없는 아이는 10대 청소년이 되어서도 부모가 일일이 돌봐주기를 기대하게 된다.

그렇다고 고래고래 소리치며 화를 내지는 말자. 청소를 재미있게 해보자. 부모가 도와달라고 하면 대부분의 아이들은 기뻐한다. 여자아이만 그런 게 아니라 남자아이도 빗자루나 먼지떨이를 가지고 재미있게 논다. 한 손으로 들고 다니는 소형 진공청소기가 있으면 최상이지만, 때로는 빗자루나 걸레나 물티슈를 손에 쥐어주어도 아이들은 열광적으로 반응한다. 사실 아이들이 청소를 깨끗이 한다고 말하기는 어렵지만, 부모가 바쁘게 돌아다니며 청소하는 동안 아이들이 무언가에 집중하는 것만 해도 어디인가.

세 살 에스메를 키우고 있는 피터 부부는 욕실 청소를 아이 목욕시킬 때 한다고 한다. 목욕물을 받아주고 아이를 담근 다음 물티슈를 한 장 쥐어준다. 그 다음 아이에게 욕조를 닦아 달라고 부드럽게 부탁한다. 아이가 신나서 욕조와 타일을 여기저기 문지르는 동안 아빠는 재빨리 변기를 청소하고 엄마는 욕실 거울을 닦아낸다. 그 다음 아이를 목욕시키면서 욕조까지 함께 청소하는 식이다.

청소의 달인들에게 들어보면 청소하기 위해 일부러 시간을 내지 않는다는 공통점이 있다. 욕실 청소는 샤워를 하면서, 거실청소는 아이 장난감을 정리하면서 한꺼번에 처리해버린다. 아이와 남편을 다 내보내고 서랍을 하나하나 뒤집어서 정리하려다간 일년 내내 정리되지 않은 집에서 살아야 할 것이다. 청소만큼 가족의 협조를 필요로 하는 일이 없다. 그 시간을 공동 가사 분담의 시간으로 삼으면서 미리미리 아이에게 정리정돈의 습관을 가르쳐라.

최근에는 아이 목욕을 일주일에 두세 번만 시켜도 된다는 주장들도 나오고 있다. 어떤 아이들은 매일 저녁 목욕을 하면 오히려 피부 상태가 나빠진다. 자주 등장하는 아토피라는 녀석은 건조함을 먹고 산다. 목욕과 청소를 자주 하면 그만큼 건조해지기 쉽다. 그리고 우리의 부모들과 조부모들은 요즘 시장에 나오는 수많은 항균 제품을 쓰지 않고도 잘 살지 않았던가.

완벽한 청결을 목표로 하지 말자. 실제로 필요한 만큼만 깨끗하게 하자. 단순하고 힘들지 않고 스트레스가 없는 육아의 첫번째 조건은 앞서서도 말한 바와 같이 완벽함을 추구하지 않는 것이다. 다른 사람의 눈에 보이기에 급급해서 완벽하게 씻기고 먹이고 입히려는 욕심 때문에 아이 키우는 일이 점점 더 힘들어진다. 예전에 비해서 육아용품이 편리한 것이 많이 나와 있음에도 불구하고 아이 키우는 일을 점점 더 힘들어 하는 이유는 부모의 완벽함이 자초한 화라고 말하고 싶다.

66

완벽한 청결을 목표로 하지 말자.
실제로 필요한 만큼만 깨끗하게 하자.
예전에 비해서 아이키우는 일을
점점 더 힘들어 하는 이유는 부모의 완벽함이
자초한 화라고 말하고 싶다.

99

아이 목욕시키는 방법 7가지 포인트
수유 직후나 아기가 졸린 때는 피하세요

어린 아이를 목욕시키면 몸을 닦이고 옷을 입히는 등 목욕을 끝낸 뒤도 해야 할 일들이 많다. 그래서 '목욕'과 '목욕이 끝난 뒤'를 아빠와 엄마가 작업 분담해서 나눠서 하면 효율적으로 목욕을 끝낼 수 있다. 그 외에도 아이를 목욕시킬 때의 포인트는 다음과 같다. 하나씩 살펴보자.

1. 탕의 적당한 온도는 37~40도

물의 온도는 약간 미지근한 37~40도가 알맞다. 탕온계 등이 있다면 그것을 이용해 확인하면 편리하다. 물이 식기 쉽기 때문에 더 넣어줄 여분의 더운 물을 준비하도록 하자.

2. 목욕 후 한기가 들지 않도록 한다

목욕을 끝낸 뒤 아기가 한기가 들지 않도록 해 주어야 한다. 방의 온도를 조절하면 가장 좋지만, 엄마가 빨리 아이의 몸을 닦아서 옷을 입혀 주면 보통의 온도라도 괜찮다.

3. 입욕 시간은 길지 않도록

너무 오래 탕 속에 있으면 아기가 현기증을 일으켜 버리기 때문에 일단 탕 속에 아기가 들어가면 우선 더러워지기 쉬운 엉덩이나 목, 겨드랑이 등을 중점적으로 씻고 나머지 부분은 가볍게 씻어주는 정도로 마무리한다.

4. 목욕은 매일 하는 것이 좋다

아기는 신진대사가 활발하기 때문에 열이 있을 때나 기분이 좋지 않을 때를 제외하면 매일 목욕을 시켜주는 것이 좋다.

5. 수유 직후나 아기가 졸린 때는 피한다

수유 직후에 아이를 탕에 넣으면 토하는 일이 있으므로 피한다. 아기가 졸려할 때도 기분이 나빠질 수 있으므로 피하는 것이 좋다. 반대로 목욕을 하면 기분이 좋아져서 잠들게 되는 경우도 있다.

6. 당황하지 말고 침착하게

아기를 너무 조심조심 물에 넣으면 아기도 불안을 느끼게 된다. 아빠의 경우 여자보다 손이 크기 때문에 아기를 욕조에 넣는 것이 더 안정적이다. 자신감을 갖고 애정으로 대하는 것이 원칙이다.

7. 아기가 혼자 설 수 있게 됐어도 절대 혼자 욕조에 두지 않는다

아기가 조금 자라서 혼자 설 수 있게 되었다고 해서 아기만 욕조에 넣어둔 채 아빠나 엄마가 눈을 떼는 일은 없도록 하자. 발이 미끄러져 욕조속의 물이 얕은데도 넘어진 채 몸을 가누지 못해 익사하는 사고가 발생하고 있으므로, 절대로 방심하지 말고 아기에게서 눈을 떼지 않도록 한다.

Part 07

대소변

아이가 변기를 찾을 때를
놓치지 마라

배변훈련은 쉬운 일이 아니다. 시간이 가면 언제 그랬냐는듯이 기저귀를 떼고 혼자 화장실에 가서 물을 내리고 나오지는 않는다. 동요 한 소절을 부를 정도의 짧은 시간 동안만 겨우 집중하는 어린 아이의 지퍼와 단추와 고무줄을 붙잡고 용변을 보게 하는 일은 호락호락하지 않다.

어떤 전문가들은 '배변훈련' 대신 '배변교육'이라는 말을 쓰라고 충고한다. 아이는 개가 아니며, 배변훈련은 아이가 새로운 기술을 습득하는 과정이지 전기충격을 받아가며 하는 반사훈련이 아니라는 주장이다. 실로 훌륭한 마음가짐이다. 그러나 바비 속바지나 토마스 팬티에 묻은 대변을 한 시간에 네 번씩 닦아내고 난 후에도 그런 마음가짐을 가질 엄마들은 많지 않을 것이다.

간혹 초등학교 교실에서는 교사에게 화장실 가고싶다고 말할 타이밍을 놓쳐서 옷을 적시는 경우가 발생한다. 아이가 수업시간에 실례를 했다는 전화를 받으면 엄마는 일단 자존심이 상한다. 아이의 실수가 마치 엄마가 교육을 제대로 못 시켜서 그런 것인냥 속상하고, 내 아이가 다른 아이에 비해 뒤처지는 게 아닐까 하는 걱정이 태산처럼 쌓이기 시작한다.

집에 돌아온 아이는 엄마에게 야단을 맞으며 엉덩이를 까고 목욕탕에 직행하면서부터 눈물을 흘리기 시작한다. 엉덩이를 씻기던 엄마의 손은 자기도 모르는 새 엉덩이를 찰싹 때리고 이날의 하루는 엄마와 아이 모두의 울음으로 마무리되고 만다.

그런 아이가 밤에 또다시 이부자리에 실례를 한다면 엄마는 이번에는 수치심이 문제가 아닌 게 된다. 조급한 마음으로 '내 아이가 정말 완전하게 배변훈련이 안 된 건 아닐까?' '내 아이가 무슨 문제가 있는 걸까?' 라는 생각과 함께 병원을 찾아갈 생각을 한다.

그게 아니라 아이의 수치심과 자존심을 이해하지 못했기 때문에 야밤에 실례하는 것일 수 있다. 자신이 대소변을 가리면서 이제 다 컸다고 생각했는데 갑자기 학교에서 친구들이 다 보는 데서 실수를 했으니 수치심이 극도로 달아올랐는데 집에서 엄마한테 엉덩이까지 맞으면 자존심에 금이 가버린 거다. 그러니 심리적으로 불안한 상태에서 평소에는 잘 조절이 되던 소변도 그냥 잠자리에서 봐버리는 것일 수 있다.

여기서 한 가지 짚고 넘어가자. 언제 아이의 기저귀를 떼었는가? 기저귀를 떼는 훈련을 하는 동안의 시간은 충분했는가? 학교 들어가기 전까지 이부자리에 실례하는 일이 전혀 없었는가?

전문가들은 배변 문제는 대개 시일이 지나면 자연스럽게 해결된다고 조언한다. 시간을 갖고 인내심을 가지고 아이를 도와주라고 한다. 초등학교 들어가기 전까지는 문제가 자연스럽게 해결되지만 5세 이후에도 배변 문제를 해결하지 못하고 여기저기 싸고 돌아다니면 일단 병원에 가보기를 권한다. 아주 드물기는 하지만 소변 기능이 아예 문제가 생기는 경우도 있기 때문에 일단 병원에서 여러 가지 조언을 들어보는 것도 한 방법이다.

그럼 이 시기를 거치는 동안 엄마들은 집에서 어떤 것들을 해야 할까?

우선 바닥에 깔아놓은 카펫이나 매트를 방수소재나 비닐 등 물청소가 가능한 제품으로 교체를 한다. 교체하기 어려우면 아이가 배변 훈련을 마치는 동안만 잠시 창고에 넣어두라. 그 다음 집안 곳곳에 변기를 갖다놓는다. 배변 기간이 끝나거나 어른용 변기를 사용할 줄 알게 되면 소용없는 물건이 되니 새 물건을 사지 말고 빌리거나 얻고, 여의치 않다면 벼룩시장에서 싸게 여러 개 구입한다. 최소한 아이 방과 거실, 안방 등 세 군데에는 필수적으로 구비한다.

그 다음 일반 팬티 하나만 입히고 기저귀는 벗긴다. 그대로 쉬를 하거나 응가를 하면 찝찝함을 느끼고, 몇 번 반복이 되다보면 스스로 변기를 찾기 시작한다. 아이가 변기를 찾을 동안이 중요하다. 변기를 찾기 시작하면 최대한 시간을 단축해줘서 성공의 기쁨을 맛보게 하는 것이다. 잠깐의 타이밍을 놓쳐서 선 채로 볼 일을 보고 울음으로 엄마를 부르게 하지 않는 것이 중요하다. 그러기 위해서는 아이의 아랫도리를 벗겨 놓고 아무것도 입히지 말라. 여기저기 놓여진 변기를 향해 쏜살같이 달려가 자신의 문제를 해결할 수 있도록 하라. 벗고 돌아다니기를 오래 지속하면 노출증을 잃게 될까봐 겁먹는 엄마들이 있는데 걱정할 필요 없다. 배변을 가리기 시작하면 "엄마, 팬티 입을래요. 주세요." 소리를 절로 하게 되니까.

집안에 변기가 여기저기 놓여 있으면 부모의 의도가 명확하게 표현된다. '애야, 집안에 변기가 많이 있단다. 변기로부터 도망칠 수는 있어도 완전히 숨을 수는 없단다.' 아이는 무언의 압력을 받아 변기를 사용하기에 이르는 것이다.

다양한 변기를 구입하는 방법도 있다. 내 딸 에비에게는 작은 분홍색 변기를 몇 개 사주었더니 무척 즐거워하며 가지고 놀았다. 머리에 뒤집어쓰기도 하고 휴대용 과자그릇으로 활용하기도 했다. 하지만 '쉬'나 '응가'를 하는 용도로는 쓰지 않으려 했다. 우리는 큰마음 먹고 더 큰 좌변기를 사왔다. 등받이와 팔걸이가 달려 있고 용변통을 분리할 수 있는 제품이었다. 몇 시간 후에 보니 에비는 매우 흐뭇한 표정으로 TV

앞에 편안하게 작은 왕처럼 자리를 잡고 앉아 있었다.

언제 이런 일을 해야 하는지는 아이마다 다 다르기는 하다. 하지만 일찍 시도하면 시도할수록 다시 기저귀를 채워야 하는 경우가 빈번해진다. 적어도 12개월이 지나기 전에는 시도하지 않는 것이 좋다. 두꺼운 솜뭉치를 끼고 어기적대며 돌아다니다 보면 아이가 기저귀를 혼자 벗어던지는 일을 시작한다. 이때가 바로 배변훈련에 들어갈 적기다. 15개월이 지났는데 아직 아이가 기저귀를 편안해한다면 좀더 기다리는 것도 좋다. 더군다나 겨울처럼 추운 날씨에 12개월이 되었다고 해서 억지로 기저귀를 벗겨놓는다면 심리상으로나 건강상으로 심각한 사태를 맞을 수도 있다.

그리고 이웃들의 자랑에 속지 마라. 아이는 비교 대상이 절대 될 수 없다. 옆집 아이가 12개월에 혼자 걷고 팬티를 입기 시작했다고 해서 내 아이가 뒤처지는 것은 절대 아니다. 말을 빨리 한다고 해서 다섯 살 아이가 일곱 살로 훌쩍 뛰어넘을 수는 없듯이 기저귀를 일찍 뗀다고 해서 두 살짜리가 유치원에 갈 수 있는 것도 아니다. 단지 기저귀를 일찍 떼는 것은 부모의 귀찮은 시간을 조금 덜어 줄 뿐이다.

● 아가씨용 속바지나 어른 팬티를 입혀주자

내가 선호하는 전략은 후한 보상과 속전속결이다. 배변훈련을 속전속결로 끝내려면 적어도 초기에는 멋진 팬티를 골라 입힐 필요가 있다. 잠자는 시간만 제외하고 아이가 집안에 있는 내내 신경을 써주자. 공주 그림이 있는 속바지, 배변 훈련용 팬티 등 최대한 화려한 속옷을 구입하면 된다. 유명한 캐릭터로 장식된 제품이면 더욱 좋다. 엄마가 아이를 데리고 나가서 특별한 속옷을 사줄 수도 있다.

배변훈련용 속옷은 많이 구입할수록 유리하다. 아이가 속옷에 반해 입고 싶게 만들기 위함이다. 아이와 함께 속옷 쇼핑을 다녀온 후에는 며칠 동안 목욕하기 전에 시험 삼아 입어보게 하거나 기저귀 위에 입게 하자. 어른들이 입는 속옷도 보여준다. 이제 아이에게도 자기만의 '아가씨용 속바지' 나 '어른 팬티' 가 생긴다는 기대감을 갖게 해보자.

그리고 아이에게 이제부터 기저귀를 쓸 수 없다고 선언하자. 부모의 선택이 아니라 하늘의 뜻이어서 불가항력인 일인 것처럼 말해주면 된다. "애야, 이제 기저귀가 떨어졌단다. 가게에서 더 이상 기저귀를 팔지 않으니 살 수도 없어요. 어떻게 할까? 기저귀 대신 팬티를 입어볼까?"

그러고 나서 팬티형 기저귀를 준비해 '밤에 입는 팬티'나 '침대에서 입는 속바지'라는 이름을 붙인다. 아이에게는 전에 착용하던 보통 기저귀가 아닌 특별한 속옷이라고 말해준다. 잠을 잘 때나 자기 변기가 없는 곳으로 장기간 여행을 떠날 때나 쓰는 특별한 속옷이라고. 부모가 귀가하는 순간, 또는 아이가 아침에 눈을 뜨는 순간이면 즉시 팬티형 기저귀를 벗기고 보통 팬티를 입혀줘야 한다.

배변훈련은 단시간 내에 끝내는 방법이 최고다. 부모가 아이에게 알맞은 속옷을 제때 입히지 않고 꾸물거린다거나 편리할 때만 입히려고 하면 아이는 혼란을 느낀다. 이렇게 되면 배변훈련의 모든 과정이 지연된다. 부모의 힘으로도 어쩔 수 없는 문제, 즉 기저귀가 없는 문제를 해결하기 위해 아이와 부모가 공동으로 노력한다는 분위기를 조성하자.

부모와 아이는 세상에 맞선다는 기분으로 배변훈련에 임해야 한다. 할머니 집에서 아이가 오줌을 쌌다고 해서 부모가 겁을 먹고 물러서면 더욱 힘들어질 따름이다.

배변훈련을 잘 해낸 아이에게 필요한 칭찬

● 스티커를 활용하자. 서점에 가보면 변기 사용법에 관한 동화책 가운데 칸마다 스티커를 붙이는 책들이 나와 있다. 물론 부모가 스티커를 직접 만들어도 된다. 남자아이에게는 카레이스 트랙을 그려주고, 딸에게는 요정들의 숲을 통과하는 길을 그려준다. 스티커를 끝까지 붙이면 장난감을 하나 사주거나 나들이를 한 번 간다.

● 손도장도 효과가 좋다. 쉽게 지워지는 페이스페인팅 물감을 이용하자. 아이들이 "아빠, 오늘 도장 4개 받았어요" 하면서 자랑할 수도 있다.

그렇지만 아이가 새로운 경험을 고집스레 거부한다면 조금은 치사한 방법을 써야 한다. 여기서 치사한 방법이란? 먹을 것으로 아이를 유혹하기! 그리 바람직하진 않지만 효과는 썩 좋다. 다른 모든 방법을 써보았으나 실패하고, 아이가 바닥에 싼 소변이나 대소변을 오전에만 일곱 번 치운 후에 아이의 엉덩이를 변기에 테이프로 고정시키고 싶은 생각이 들기 시작했다면 먹을 것을 이용해 보자.

때때로 필요한 선물

● 뚜껑 달린 플라스틱 상자를 구입해서 '변기 선물세트'라는 이름을 붙이고 먹을거리를 가득 집어넣자. 여기서 부모의 현명한 판단이

요구된다. 아이에게 작은 사탕가게를 차려주자거나 충치가 생기는 지름길로 인도하라는 이야기가 아니다. 무엇이든 소량을 기준으로 생각하자. 요구르트를 입힌 건포도 약간, 유기농 매장에서 파는 말린 과일, 집에 한두 개씩 있는 막대사탕 따위를 상자에 넣자. 그리고 변기에서 대소변을 제대로 처리했을 때만 하나씩 준다는 규칙을 반드시 지켜야 한다. 그냥 '시도'만 해서는 안 되고, 결과물이 있어야 한다!

● 아이에게 충치가 생길 일이 너무나 걱정된다면 아주 작은 '깜짝 선물'을 준비하거나 참신한 아이디어를 생각해보자. 어떤 엄마는 노래를 만들어서 딸이 변기에 앉을 때마다 남편과 함께 불러줬다. 아이가 용변에 성공하면 가사를 약간 바꿔서 불러주기도 했다고 한다.

변기를 사용하는 시기에는 끊임없이 연습하고 일러주는 일이 중요하다. 여자아이들은 괜찮지만 남자아이들은 변기에 조준하는 연습도 해야 한다. 그러니 남자아이에게는 조준을 잘 할 때마다 그에 맞는 보상을 해주자. 실제로 리암(4세)의 엄마 닉은 변기에 탁구공이나 그와 비슷한 크기의 공을 넣어두고 소변으로 맞춰보라고 하는 방법을 추천한다. 아이가 잘 맞추면 상을 주는 게임으로 변형할 수도 있다. 아이들이 소변을 보는 변기에 스티커를 붙여서 과녁을 만들어주는 방법도 있다.

변기에서 화장실로 장소를 옮기고 나면 겁 없는 아이들에게는 보상으로 물을 내리게 해주자. 하지만 겁이 많은 아이들은 놀랄 수도 있다. 큰 화장실에서는 때때로 약간의 상상력을 발휘해서 문제를 유연하게 풀어나가야 한다. 다음과 같은 팁을 활용해 보자.

양변기 적응을 위한 팁

● 색종이 조각이나 색깔 있는 얼음조각 따위를 변기에 넣어서 물과 함께 내려가게 하면 어떨까? 이렇게 하면 아이가 정말 재미있어할 뿐 아니라 조준하는 연습을 하기도 좋다.
● 한 발 더 나아가 변기 물에 식용색소를 넣어보자. 아이가 소변을 보면 물 색깔이 바뀐다.
● 아이를 거꾸로 앉혀보자. 의외로 아이가 균형도 잘 잡고 조준도 잘 한다. 아이가 자신감을 얻게 되면 서서 소변을 보도록 하자.

아이가 의지는 있는데 대소변이 마려운 줄 모르고 있다가 자꾸 사고를 친다면 알람을 활용해 보자. 처음에는 30분마다 타이머가 울리도록 설정하고, 아이가 익숙해지면 점차 시간 간격을 늘린다. 이렇게 하면 사고를 미연에 방지할 수 있어서 부모와 아이 모두에게 도움이 된다. 나중에는 아이가 알아서 화장실에 가게 되므로 타이머는 필요가 없어진다.

배변훈련을 시작하는 타이밍을 정할 때는 앞서도 누누이 말했지만 너무 일찍 시작해서는 안 된다! 우리의 부모님들이 아기는 걷기 전에 기저귀를 떼야 한다고 잔소리를 할 때라든가, 자랑하기 좋아하는 주변의 '수퍼맘'이 자기 아이는 두 살인데 화장실 변기에서 우아하게 내려오고 손도 스스로 씻으려 한다고 말할 때, 우리는 겁이 덜컥 나서 배변훈련을 당장 시작해야 한다고 생각하기 쉽다.

사실은 아이들이 기저귀를 뗄 준비가 되는 시기는 아주 다양하다. 세 돌이 지나도 떼지 못하는 아이도 많다. 만약 배변훈련을 시도했는데 아이가 언제 소변이 마려운지 전혀 알지 못한다면 너무 일찍 시작한 것이다. 여기서 팁 하나. 그런 시도를 실패라고 생각하지 말자. 그냥 기저귀를 다시 채우면서 "이것 좀 봐! 가게에서 기저귀를 다시 파는구나"라고만 말하자. 그러다가 몇 달 후에 새로 시작하면 된다. 시기를 잘못 잡았던 거라면 오히려 다행한 일이다. 부모 입장에서는 아이가 바닥에 싸놓은 대소변을 수없이 치우는 수고를 덜었고, 아이 입장에서는 쓰디쓴 실패를 맛보는 시간이 줄어든 셈이니까.

시간을 되돌릴 수 없다는 점도 명심해야 한다. 아이를 데리고 외출할 때 기저귀라는 보호막이 없다는 사실이 떠오르면 부모는 옛날로 돌아가고 싶어질지도 모른다. 기저귀를 뗀 아이를 데리고 돌아다닌다는 건 정말로 무시무시한 일이다. 가까운 곳에 갈 때도 쉽게 이용할 수 있는 화장실을 모두 파악하고 가자. 큰 아이를 둔 친구들에게 물어보면 된다. 아마도 그 친구들은 멋지고 깨끗한 편의시설을 모두 섭렵한 경험이 있는데다 머릿속에 네트워크를 새겨놓고 있을 것이다. 한 친구가 동네 서점의 아동서적 코너 뒤편에 숨어 있는 화장실을 알려주었을 때 나는 고마워서 눈물이 다 날 지경이었다.

자동차에도 사전 준비가 필요하다. 흡수력이 뛰어난 일회용 기저귀교환 매트를 카시트에 2중으로 깔아두면 안심이다. 차 안에는 항상 여벌의 바지와 물티슈, 갈아입을 옷이 들어 있는 가방을 두자. 최악의 사태가 발생해서 카시트 커버를 급하게 말려야 한다면 공중화장실에 설치된 손 건조기를 활용하자.

● 시간과 인내심을 가지고 웃으면서 도와주라

아이의 배변훈련이 '거의 완성' 단계에 이르면 슬슬 밤 시간이 걱정되기 시작한다. 부모들은 흔히 자기 아이가 "낮에는 잘 가려요."라고 말하는데, 그 이면에는 "잠자리에서는 아니에요."라는 뜻이 숨어 있다. 나의 충고는 간단하다. 기다리라는 것이다. 어떤 통계에 의하면 6세 아동 10명 중 1명이 여전히 잠자리에다 오줌을 싼다고 한다. 이런 현상은 여자아이보다는 남자아이에게 많이 나타나는데, 유전적인 원인이 있을 수도 있다. 부모들이 공통적으로 이야기하는 규칙은, 아침에 기저귀나 팬티형 기저귀가 젖어 있지 않다면 다음 단계로 넘어가도 된다는 것이다.

밤에 오히려 기저귀를 안 채우고 실수를 겪게 하는 것이 더 빠른 방법이 될지도 모른다. 팬티를 입고 싸면 찝찝함 때문에 일찍 가리게 되듯이 이불에 싸게 되면 자면서도 그 찝찝함 때문에 안 싸고 조절할 수 있게 될 지도 모른다. 실제로 동양의 나라들은 그런 방법으로 배변훈련을 완벽하게 마친다는 소리를 들은 적이 있다.

대다수 부모들은 잠자리에 들기 전에 물을 마시지 못하게 하거나 한밤중에 잠이 덜 깬 아이를 억지로 일으켜 화장실로 데려가는 방법은 별로였다고 말한다. 우리 엄마는 아주 실용적인 조언을 해주었다. 침대커버 위에 방수요를 깔고 그 위에 다시 침대커버를 덮어 샌드위치처럼 만들라는 것이다. 이렇게 하면 밤에 아이가 오줌을 싸더라도 위쪽 두 장만 걷어내면 되므로 한밤중에 장롱을 뒤질 필요가 없다.

내 생각에 최고의 전략은 아이가 어느 날 갑자기 정신적으로나 육체적으로 준비가 되어서 부모에게 신호를 보낼 때까지 기다리는 것이다. 그 전에 공연히 스트레스를 받지는 말자. 잠자리에 든 우리 아이의 기저귀 찬 엉덩이를 볼 사람이 누가 있겠는가?

처음으로 오줌을 누는 단계든, 배변훈련을 마무리하는 단계든 간에 '바로 지금이다' 싶을 때는 반드시 온다. 필요한 도구를 준비했는가? 배변훈련을 용이하게 하는 요령과 속임수와 뇌물 주는 방법도 습득했는가? 다 됐으면 크게 심호흡을 하면서 마음을 단단히 먹고 시작하자. 일단 배변훈련이 시작되면 사고가 많이 터질 것이다. 때로는 셀 수도 없을 만큼 많은 사고가 터질 것이다. 그럴 때는 대단히 친절한 우체국 여직원의 가면을 쓰고 아무렇지도 않다는 듯 상냥한 목소리로 말해야 한다.

"아이쿠. 우리 아가, 괜찮아, 괜찮아. 얼른 씻고 다음 번엔 시간을 잘 맞춰서 가자. 팬티를 입고 있을 때 아랫배에서 쉬가 마려운 느낌이 들면 엄마한테 빨리 말해야 한다는 걸 잊지 마라."

소변을 보기 전에 아랫도리 쪽에서 '쉬가 마려운 느낌'이 든다는 사실을 아이에게 알려주어야 한다. 아이들은 처음에는 언제 소변이 마려운지 알지 못한다. 엄마가 그걸 느낀다고 이야기해 주면 아이들은 깜짝 놀란다.

힘든 하루를 끝마칠 무렵이면 친절한 우체국 여직원의 가면이 조금씩 벗겨질지도 모른다. 이러다 맹견 훈련사로 변신해서 성을 버럭 내겠다 싶으면 잠시 자리를 떠도 좋다. 심호흡을 하면서 마음을 가라앉히자. 그냥 아이가 쉬한 것뿐이야, 레드와인을 쏟은 것도 아니고. 그래 이건 지나가는 과정일 뿐이다. 그렇게 마음을 가라앉히고 아이의 배변 훈련에 너무 몰입하지 마라. 아이 스스로 자신의 때를 찾아 갈 때가 반드시 있다. 힘들더라도 가면을 벗어버리지는 말자. 우리는 아이의 젖은 속옷 따위에 쓰러질 엄마들이 아니다. 부엌에 가서 맛있는 음식이라도 먹으며 기분전환을 하고, 이가 보일 만큼 환한 미소를 지으면서 아이에게 돌아가자. 내가 말하는 건 이다. 송곳니가 아니고.

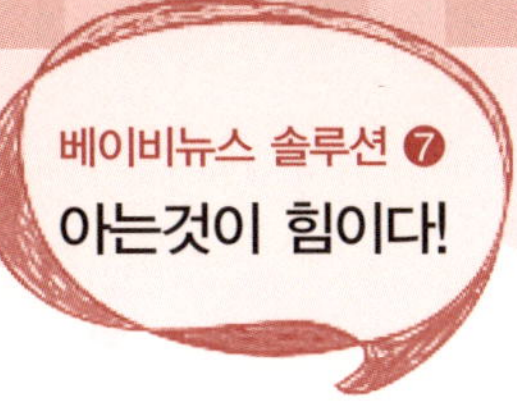

효과적인 단계별 배변훈련 노하우
변기와 친해진 뒤 배변을 놀이처럼 해야

만 4세에 이르면 보통 하루 한 번에서 일주일에 다섯 번 정도의 성인과 동일한 배변습관을 가지게 된다. 아이의 배변훈련은 심리적, 신체적 발달 단계에 맞춰 신중하고 체계적으로 접근을 해야 한다. 부모의 성급하고 잘못된 배변훈련은 아이에게 일시적으로 변비, 설사, 야뇨증, 강박증 등의 증상을 가져올 수 있을 뿐 아니라, 엄마에게 야단맞는 것에 대한 두려움, 반항심 등이 생길 수도 있기 때문이다.

전문가들이 판단하는 배변훈련 적정 시기는 일반적으로 생후 18개월부터 24개월 사이다. 아이의 발달에 따라서는 두 돌이 지나서 시작해도 별 문제는 없다. 계절적으로는 실내에서 옷 세탁 부담이 적고, 아이 옷을 벗겨 놓아도 감기 걸릴 걱정이 적은 여름을 추천한다. 효과적인 배변 훈련을 위해서는 아이가 스스로 용변을 보고 싶다고 인식하는 것이 중요하다. 또한 방광과 대장을 조절할 수 있는 생리적인 능력이 발달해야 한다. 보통 아이가 걷기 시작하면 배변 훈련을 시작하기 위한 근육이 어느 정도 발달됐다고 볼 수 있다. 또한 부모와 소통할 수 있을 정도의 언어 능력과 어른의 행동을 흉내 낼 수 있는 정도의 인지 발달도 전제돼 아이가 배변 의사를 표현할 수 있어야 한다.

함께 용품 고르기

본격적인 훈련을 시작하기 전 아이가 사용할 변기를 정해야 한다. 아이들이 좋아하는 캐릭터가 그려져 있는 제품을 선택한다면, 아이가 보다 친근감을 느끼면서 배변훈련을 시작할 수 있다. 어른용 일반 변기에서 시작할 경우는 유아용 보조변기를 설치하고, 아이들이 변기에 쉽게 올라갈 수 있도록 받침대를 두는 것이 좋다.

변기와 본격적으로 친해지기

변기를 구입하면 눈에 잘 띄는 곳에 놓고 아이의 의자처럼 활용하도록 한다. 아이가 간식을 먹거나 책을 볼 때처럼 일상생활에서 변기를 활용하도록 해 변기에 앉는 행동을 자연스럽게 받아들이고 애착을 가질 수 있도록 한다. 또한 아이에게 '응가', '쉬야'와 같은 단어를 미리 가르쳐 아이가 배변 의사를 표현할 수 있도록 해야 한다.

아이가 따라 할 수 있는 모델 활용하기

그림책이나 비디오 등을 이용해 아이에게 배변 모습을 보여주는 것도 효과적이다. 아이가 좋아하는 인형을 이용해 직접 배변 역할 놀이를 해 보거나 동성의 또래 친구나 부모, 형제들의 배변 모습을 보여주는 것도 아이들의 모방심리를 자극해 배변 훈련에 도움이 될 수 있다.

변기에 앉혀서 용변 유도하기

아이가 대소변을 보고 싶다는 의사를 나타내면 변기에 앉혀 "쉬~ 쉬~"하거나 힘을 주는 동작을 같이 해 준다. 혹시 아이가 긴장하거나 익숙하지 않아 용변을 보지 못했다고 해서 용변을 볼 때까지 오래 앉혀 두는 것은 좋지 않으니, 다음에 다시 시도하도록 한다.

배변을 재미있는 놀이처럼 인식하기

아이들은 화장실에 대한 두려움이나 엄마와의 분리불안으로 인해 배변을 하지 못할 수 있다. 변기에 스티커를 붙이는 등 화장실을 아이와 친숙한 공간으로 만들어 주고, 아이들이 두려워하지 않도록 부모가 화장실 안에 같이 있어 주거나 문을 열어 놓고 아이가 언제든지 부모를 볼 수 있도록 해 둔다. 또한 변기 물을 내릴 때 용변이 사라지는 것에 대해 무서움을 느낄 경우, 물을 내리는 것을 보여주면서 아이에게 "응가야, 잘 가~"하는 식으로

인사하게끔 해 배변을 재미있는 놀이처럼 인식하게 하는 것도 도움이 된다.

칭찬 아끼지 않기

아이가 용변을 하고 싶다는 것을 말이나 행동으로 알린다는 것만으로도 본격적인 배변훈련이 진행된다고 볼 수 있다. 아이가 배변 의사를 표현했을 경우에는 우선 아이를 충분히 칭찬해 주고 격려해야 한다. 이 시기에 아이는 괄약근을 조절하는 능력이 부족해 배변감을 느끼는 동시에 용변을 보는 경우가 많다. 이 때 아이가 실망하지 않도록 하며 "쉬나 응가는 변기에서 하는 거야"라고 잘 타일러 변기 사용을 유도해야 한다. 아이가 배변에 성공했을 때에는 아이를 칭찬하고 상을 줘 아이가 자신감을 느끼도록 하는 것이 중요하다. 반대로 아이가 잘 하지 못한다고 해서 야단을 치거나 억지로 변기에 앉히는 것은 역효과가 날 수 있으니 피하도록 한다.

Part 08

예절

착한 행동과 못된 행동의
경계를 가르쳐라

● 한 번에
한 가지씩
가르치자

　　예절의 의미에 대한 견해는 사람마다 다르다. 어떤 부모들은 아이가 만 3세만 되어도 아주 세련된 사교성을 지닌 제인 오스틴 소설 속 인물의 축소판처럼 행동하기를 기대한다. 반면 어떤 부모들은 아이가 마트에서 화난 얼굴의 도도한 쇼핑객들을 밀치며 새치기를 하지 않는 것만으로도 운이 좋다고 생각한다.

　　아이에게 예절 교육을 하려면 우선 나름의 기준을 세워야 한다. 아이에게 어느 정도를 기대하고 있는가? 부모의 행동에는 일관성이 있는가? 부모, 친척, 가까운 사람들이 소중하게 여기는 가치는 무엇인가? 아이에게 지키라고 요구할 만큼 소중한 가치인가?

예컨대 나는 에비가 어른들을 만날 때마다 ○○○박사님이라고 지위와 성을 또박또박 불러야 한다고는 생각지 않는다. 그보다는 질문에 공손하게 대답하고 고맙다는 인사를 하는 게 중요하다고 생각한다. 그리고 친척 관계가 아닌 어른들에게 이모나 삼촌이라는 호칭을 쓰게 하는 관습도 싫어한다. 하지만 나는 에비가 감사카드를 직접 쓰게 하고, 식사 시간에는 허락을 받기 전까지 자리를 뜨지 못하게 하며, 장난감은 다른 아이들과 같이 써야 한다고 가르친다. 이 마지막 부분은 쉽지 않아서 아직도 노력하는 중이다.

일반적으로 이야기하는 훌륭한 예의범절에는 다음과 같은 덕목이 포함된다.

- 존중 – 자기 자신, 부모와 여러 어른들, 또래 친구들에 대한 존중
- 인내와 관용 – 참을성 있게 기다리기, 불필요한 간섭 자제하기, 자기와 다른 사람들을 인정하기
- 규칙 준수 – 물건을 나누어 쓰기, 차례 지키기
- 사교적인 예의 – 식탁 예절, 전화 예절
- 자제 – 막무가내로 떼쓰지 않기

어떤 아이들은 점잔을 빼며 부모가 일러준 예의를 치리는 척 어른 흉내를 내다가도 곧장 어린아이의 본래 모습으로 돌아간다. 헤더(4세)는 예의가 바른 편이긴 한데 약간 특이한 구석이 있다고 한다. 네 살짜리가 자기 친구에게 '차 한 잔 하자'라고 점잔빼며 이야기를 해 어른들을 웃게 만들지만 달콤한 간식을 먹을 때가 되면 헤더의 행동거지는

도로 엉망이 된다고 한다.

　완벽한 아이는 없다! 이 진리를 명심하자. 완벽한 아이도 부모도 없는데 부모는 완벽한 자식의 모습을 그려놓고 거기에 가깝도록 아이를 키우려고 한다. 친구의 아들, 딸들이 우리 집에 놀러 와서 완벽한 식탁 예절을 보여주며 우리 아이들을 머쓱하게 만들더라도 개의치 말자. 그 아이들도 자기 집에서 잠자리에 들거나 목욕을 할 때는 지독하게 떼를 부릴 것이다. 상냥하게 전화 메모를 잘 받아 적는 이웃집 아이도 너무 의식하지 말자. 그 아이가 자기가 좋아하는 장난감을 절대 나눠 쓰지 않으려 해서 주위 어른들이 UN평화유지군 노릇을 하고 있을지 누가 알겠는가.

　예절교육을 시작할 때는 완벽을 추구하기보다 편안한 마음으로 임해야 한다. 아이는 때로는 예의바르게 행동할 것이고 때로는 예의범절을 잊어버릴 것이다. 그렇다고 해서 어느 누구의 자식이 우월한 것은 아니다. 내 아이가 다른 누군가의 아이보다 못할 것은 없다고 생각해야 한다. 그리고 적절한 칭찬을 한두 마디씩 해주면 아이에게 좋은 영향을 미칠 것이다.

　예절교육은 아주 어릴 때부터 시작할 수도 있다. 어린 아이도 감사 인사 정도는 얼마든지 배울 수 있지 않은가. 아이에게 컵이나 장난감 따위를 건네주면서 "고맙습니다"라고 말하도록 가르치는 것도 괜찮은 방법이다. 아이가 감사인사를 할 때까지 물건을 건네주지 않고 기다리면 아이들은 금방 눈치를 챈다.

최고의 예절교육은 일상생활에 자연스럽게 녹여내는 것이다. 다섯 살 된 아이에게 갑자기 온갖 예절을 한꺼번에 주입하려 했다가는 아이가 지나친 부담을 느끼고 충격을 받을지도 모른다. 대다수 전문가들은 식탁예절, 전화예절과 같은 '사교적 기술'을 한 번에 한 가지씩만 가르쳐야 한다고 충고한다. 한 달 정도 기간을 정해서 한 가지를 중점적으로 훈련시키고 나서야 다음으로 넘어가라는 것이다.

● 알아듣도록
타이르고
단호하게 행동하라

　　드라마에서 흔하게 등장하는 장면 중에 하나가 식사를 하는 공공장소에서 여기저기 마구 뛰어다니는 아이들을 야단치는 장면이다. 왜 세계 어디서나 아이들은 식당에서 뛰어다니기를 좋아하는 걸까? 아니다. 아이들은 그저 새로운 장소가 신기할 뿐이다. 그래서 탐색의 기회를 놓치지 않는 것이다.

　　부모들은 그런 아이들을 데리고 "도대체 왜 얌전히 앉아있지를 못하니?"라고 야단치거나 "댁의 아이를 좀 보세요!"라고 옆 테이블 손님과 시비를 붙기 일쑤다. 이런 일을 겪지 않으려면 외식이 별것 아닌 일상이 되거나 외식장소가 탐색의 대상이 아니란 것을 확실하게 깨우쳐주는 일밖에 없다.

일단 아이에게 말로 타이르는 것을 그만두고 확실한 규범을 몸에 익히도록 연습하라. 아이에게는 말로 하지 말고 직접 보여주고 따라 하게 하는 것이 가장 빨리 규범을 익히는 방법이 된다.

소품을 적극 활용하면 효과가 크다. 토마스 식기세트를 좋아하는 아이라면 레스토랑을 예약할 때 토마스 식기세트를 준비해 달라고 하라. 준비가 안 된다고 대답하면 집에 있는 식기를 챙겨가라. 따로 아이 메뉴를 주문하지 말고 부모의 메뉴에서 조금씩 덜어서 식기에 얹어 줘라. 적어도 토마스 식기에 정신이 팔려 있는 동안은 옆 테이블 손님이나 레스토랑 직원의 염려를 듣지 않아도 된다.

"엄마 집에 있는 내 토마스 그릇이랑 똑같아요!"라며 신기해 하거나 "엄마, 집에 있는 내 토마스 그릇을 가져오신 거예요?"라고 싱글벙글할 것이다. 이때가 아이에게 식사예절을 가르칠 적절한 시간이다. "그래, 네가 레스토랑에서 네 그릇을 찾느라 돌아다니지 않게 하려고 엄마가 특별히 준비했단다~!"라고 미소 지으면서 이야기하라. 아이는 존중받는 느낌과 동시에 뭔지 모를 엄마의 특별한 준비 때문에 한층 얌전해질 것이다.

그럼에도 불구하고 아이가 자리를 이탈하거나 손으로 남의 음식을 집으려 한다면 이렇게 말해보라. "○○야, 식사가 하기 싫으면 여기서 나가야겠구나. 즐거운 식사를 마치면 우리 가족 모두 공원에 가서 산책을 하고 네가 좋아하는 '누가 멀리 뛰나' 게임도 하려고 했는데 네가 식사를 하기 싫어서 여기저기 돌아다니고 남의 음식에 손을 대니 얼른 집에 가서 손으로 씨리얼을 집어먹게 해줄게. 오늘 외식도 산책도 그만해야겠다. 일어서자." 아이는 자기 때문에 가족의 식사가 망쳐지는 것을 원치 않을 뿐더러 공원에 가서 마음대로 뛰지 못한다는 사실 때문에 약간 의기소침해 질 것이다. 그것이 벌이라는 것을 깨닫는 데는 0.1초도 걸리지 않는다. 그러고 나서 엄마는 약간의 제스춰를 취하면서 아이에게 선택권을 주면 된다. 식사도 맛있게 하고 공원에 가는 2차(?)를 즐길 것인지, 그냥 집에 돌아가서 똑같은 저녁을 맞이할 것인지.

상벌을 따지는 데 꼭 엄격한 가정교사처럼 굴 필요야 있겠는가. 부모가 절제된 목소리로 규범을 바로잡아 줄 때도 있어야 하지만, 빅토리아 시대의 엄격한 여자 가정교사처럼 굴면 아이는 무엇이 잘못된 건지도 채 알지 못한 채 두려움을 이기기 위해 더 날뛸 수 있다. 공공장소에서는 절제된 목소리로 비교적 가볍게 지적하고 넘어가거나 칭찬하면서 아이의 자존감을 지켜줄 필요가 있다. 예의를 가르치는 대목에서 부모들이 가장 주의해야 할 것은 상벌 때문에 아이의 자존심에 상처를 주지 않는 것이다.

조슈아(8세), 아서(5세), 메이벨(3세)의 아빠 폴은 식사예절을 가르치기 위해 매주 금요일 밤을 '레스토랑의 날'로 정했다고 한다. "아이들이 엄마의 도움을 받아 식탁보를 두르고 예쁜 유리잔과 촛불로 식탁을 차립니다. 아이들에게 좋은 옷을 입히는데, 가끔 메이벨에게 공주 같은 드레스를 입히기도 해요. 메뉴는 아이들이 번갈아가며 선택합니다. 음식 준비도 아이들이 거들게 하고요. 금요일에는 제가 한 시간 일찍 퇴근하기 때문에 우리 모두 함께 식사를 하면서 최고의 식탁예절을 보여줄 수 있습니다.

우린 이 행사를 아서가 어릴 때부터 시작했어요. 메이벨도 높은 유아용 의자에 앉을 때부터 함께했어요." 금요일 밤마다 익힌 식사예절을 밖에서 외식을 한다고 해서 갖다버리지는 않을 것이다. 세 아이 아빠 폴의 아이디어는 매우 훌륭한 교육이 될 것이다.

● 식탁·전화·상황 예절교육은 이를수록 좋다

훌륭한 식탁예절을 가르치는 요령

● '간식시간'을 주제로 역할놀이를 해보자. '예의 바른' 인형들은 칭찬을 해주고 '버릇없는' 인형들은 부드러운 말로 행동을 고쳐주도록 한다. 영리한 부모들은 언제나 '버릇없는' 녀석을 하나씩 등장시킨다. 아이들은 이 놀이를 참 좋아한다. 자기 '아가들'에게 옳은 예의범절을 가르쳐주는 역할을 해내면서 아이들은 자부심을 느낄 것이다.

● 온 가족이 한자리에 모여서 저녁식사를 하는 날이 많을수록 좋다. 음식을 손으로 집어 먹지 말고 수저를 쓰는 연습도 해보자. 가끔 이런 질문을 해보는 것도 도구를 예의바르게 사용하는 데 도움을 준다. "숟가락에 콩을 몇 개나 올릴 수 있을까?"

이와 비슷한 방법으로 전화예절도 재미있게 가르칠 수 있다. 여기서는 그릇과 수저 못지 않은 소품이 등장한다. 바로 메모지다! 아이가 좋아하는 색깔 메모지나 캐릭터가 그려진 메모지와 펜을 전화기 옆에 놓아두자. 아이에게 전화를 받으면서 메모를 하라고 일러둔다. 글씨를 쓸 줄 알거나 쓸 줄 모르거나는 상관없다. 전화를 주고받는 건 어른과 같은 행위를 한다는 의미이고, 그에 덧붙여 어른인 부모가 자신에게 메모를 부탁한다는 건 자기 나이보다 훨씬 어른 대접을 받는 느낌을 주기 때문에 모든 아이들이 좋아한다. 그리고 전화통화를 하는 동안 집중하게 된다.

그보다 더 어린 아이라면 전화가 울릴 때만 갖고 놀 수 있는 장난감을 하나 마련해 둔다. 커플 전화처럼 집전화와 비슷하게 생긴 장난감 전화기라든지, 굴리면 불이 들어오는 작은 공이라든지 아이가 좋아할 만한 물건을 하나 비치하고 부모가 전화를 걸 때만 내주도록 하는 것이다.

전화예절 교육 요령

- 부모가 통화할 때 아이가 방해하지 않게 하려면 미리 계획을 세워야 한다. 예컨대 아이가 다른 일에 집중할 수 있도록 전화기 근처에 장난감을 놓아두는 방법이 있다.
- 언제라도 끊을 수 있는 가벼운 안부전화라면 타이머를 맞춰놓자.

그러면 아이가 언제쯤 통화가 끝날지 알 수 있어서 좋다.

- 아이가 어느 정도 자라면 전화기 옆에 메모지와 펜을 놓고 메모 남기는 법을 가르쳐주자. 발신자 이름, 전화가 걸려온 시간, 회신용 전화번호를 적을 수 있는 칸이 있는 메모지를 활용하면 아이가 메모를 남기기 편하다

- 정직한 것도 좋지만 전화를 건 사람에게 모든 정보를 알려줄 필요는 없다는 점을 아이에게 가르쳐주자. 예컨대 엄마가 화장실에 있을 때는 "엄마 화장실에서 오줌눠요." 보다는 "엄마한테 나중에 전화하라고 말씀드릴게요."라고 말하면 된다고 일러두자.

- 전화 메모를 잘 남기는 일이 중요하다면 실전과 비슷하게 연습을 시킨다.

올리비아(3세)의 아빠 피어스는 중요한 전화가 오면 방해하지 말라는 신호를 올리비아에게 보낸다고 한다. 부모가 손을 들고 '타임아웃' 사인을 보내면 올리비아는 조용히 있으려고 노력한다는 것이다. 벤(4세)의 아빠 데이빗은 휴대전화를 가지고 전화가 오는 상황에 아이를 많이 노출시켰다고 한다. 아빠가 거실에서 휴대전화로 집전화를 걸면 안방에서 엄마와 벤이 받아서 통화하는 식이었다. 벤은 어느 때부턴가 직접 받아서 이야기를 하기 시작했는데 서너 살 밖에 안된 꼬마가 전화를 능숙하게 받는 것에 직장동료나 이웃 모두 놀랐다고 한다.

타인에 대한 존중과 배려, 관용과 나눔 등의 추상적인 덕목을 어린 아이들에게 설명하는 데는 약간의 어려움이 따른다. 그래도 어릴 때

부터 교육을 시작해야 한다. 부모가 일정한 기준에 맞게 행동한다면 자라는 아이들도 진정한 예의란 무엇인가를 정확히 이해하고 받아들일 확률이 높다.

사려 깊은 행동을 가르치는 요령

- 어린 아이도 감사카드 쓰는 일을 돕게 하자. 선물 받은 장난감이 뭐가 좋은지 아이가 이야기하고 옆에 앉아 있던 부모가 글로 쓰면 된다. 낙서를 하거나, 입술 자국을 남기거나, 이름을 휘갈겨 쓰거나 하는 식으로 아이가 직접 카드를 꾸미게 해도 좋다.

- 장난감을 형제자매나 친구들과 같이 가지고 노는 법을 가르칠 때는 모래시계를 활용해 보자.

- 빈 유리병을 활용해서 아이에게 때때로 상을 주자. 아이가 착한 일을 하거나 예의바르게 행동할 때마다 조약돌, 구슬, 파스타 등의 작은 물건을 병에 넣는다. 주말이 되면 내용물의 개수를 세어 용돈으로 바꿔주거나(이를테면 하나에 50원씩), 사탕을 주거나, 나들이를 가거나, 좋아하는 영화를 보여주자. 위의 전화에 나온 데이빗과 벤 부자는 칭찬받을 일을 할 때마다 유리병에 구슬을 하나씩 모았고, 아빠는 구슬이 10개가 되면 목마를 한 번씩 태워주고 20개가 되면 그네를 타러 놀이터에 데리고 갔다고 한다. 30개가 되면 동네 마트에서 초콜릿과 바꾸는 기쁨을 벤(4세)은 맛볼 수 있었다.

- 아이에게 모든 행동에는 책임이 뒤따른다는 점을 가르치자. 누군

가에게 버릇없이 굴면 사과를 해야 하고, 홧김에 어떤 물건을 망가 뜨리면 그걸 고치는 일에 동참해야 한다고 알려주자. 아이가 친구에게 못되게 굴었다면 그 친구에게 잘해줄 수 있는 방법을 찾아보라고 하자. 예컨대 그림을 그려 준다거나, 작은 선물을 사주도록 한다.

● 힘들 때
막무가내 행동이
분출한다

아동 전문가들은 만 2세에서 3세 사이의 아이들이 막무가내로 떼를 쓰는 건 흔한 일이며 정상적인 발달과정의 일부라고 말한다. 그러니 아이가 마트의 통조림 진열대 사이의 바닥에 드러누워서 숨이 넘어가게 울고 있어도 당황하지 말라. 막무가내로 떼쓰는 시기를 거치지 않는 아이는 거의 없다. 하지만 이 시기에 잘못 대처하면 마흔 살짜리 떼쓰는 아이를 돌봐야 할 것이다.

나에세 가장 유용했던 조언은 '아이가 힘든 때는 피하라'는 것이었다. 아이들은 피곤하거나, 배가 고프거나, 자리가 불편하거나, 심심할 때 으레 떼를 쓰기 때문에 이런 상황에서는 힘이 드는 일을 하면 안 된다는 단순한 진리였다. 예를 들면 졸리고 배고픈 상태에서 내 신발 사느라고 에비를 한 시간씩 데리고 다닌다든지 하는 일 말이다.

떼 쓰는 아이, 현명하게 대처하는 요령

● 준비를 철저히 한다. 볼일을 보러 동네에 나갈 때나 마트에서 쇼핑을 할 때는 책, 장난감, 손으로 집어 먹는 간식 등을 가져가자. 간식거리는 설탕 성분이 없고 먹는 시간이 오래 걸리는 종류로 준비하면 좋다. 설탕은 아이를 흥분시키기 딱 좋은 것이다.

● 아이를 데리고 외출하려면 먼저 낮잠을 재우자. 그리고 나가기 직전에 기저귀를 갈아주거나 화장실에 다녀오게 하자.

● 아이에게 장보기 목록을 주고 물건들을 직접 찾아보게 한다. 그날 구입하려는 물건들의 상표를 종이에 오려 붙여서 장보기 목록을 만들어 아이에게 주어도 좋다. 5분 정도만 준비하면 한 시간이 넘는 쇼핑이 아주 수월해진다.

● 아이가 뭔가를 사달라고 계속 졸라댈 때는 아이의 관점에서 생각해 볼 필요도 있다. 모든 결정권이 부모에게 있고 자기에게는 없으니 짜증이 날 수도 있지 않겠는가. 보통은 "자, 그럼 목록에 적어볼까?"라는 한 마디로도 아이는 울음을 그친다. 혹은 아이들이 고른 물건을 몇 가지 사주는 대신 장보기 목록에서 한두 가지를 지워도 된다.

모든 준비를 무색케 하는 최악의 상황이 발생하더라도 너무 긴장하지 말자. 혀를 끌끌 차면서 쳐다보는 사람들도 모두 어릴 때 그런 시기를 거쳤다는 사실을 기억하자. 부모가 바짝 긴장을 하면 아이는 즉각 이를 감지하고 더 큰소리로 엉엉 울어댄다. 아이들은 아무런 관심을 받지 못하느니 차라리 부정적인 관심을 받기를 원하니까.

상황이 이 지경에 이르면 부모는 무엇을 해야 할까? TV에 나오는 유명 전문가들이 하는 것처럼 아이와 같이 바닥에 앉아 아이를 진정시키고 야단을 치면서 고분고분하게 만들면 좋겠지만, 실제로 그렇게 할 수 있는 부모는 별로 없다. 다음과 같은 방법으로 아이의 떼쓰기에 대처해 보자.

단호하고 적절하게 행동하기

● 원래 눈물이 많은 아이가 단순히 피곤해하는 경우에는 잠시 안아 주기만 해도 울음을 그친다. 다소 반항기가 있는 아이에게도 부모가 고래고래 소리를 지르기보다 낮고 엄한 목소리로 이야기를 하는 편이 낫다. 이렇게 하면 아이는 부모가 뭐라고 말하는지 들으려고 조금씩 진정할 것이고, 부모도 사람들 앞에서 그나마 품위를 유지할 수 있다.

● 아이가 떼를 쓰려는 기미를 일찍 알아차렸다면 아이의 주의를 다른 데로 돌리자. 부모가 유치하고 우스운 노래를 부르거나 춤을 추면서(장소와 인내심이 문제가 되겠지만) 아이의 주의를 돌릴 수도 있다. 나의 남편은 에비가 반항적인 행동을 할 때마다 이상한 춤을 춰서 효과를 톡톡히 본다.

● 막무가내로 떼쓰는 행동에 이름을 붙여보자. '빵꾸똥꾸' 나 '못난

이' 같은 이름도 좋다. 아이에게 '빵꾸똥꾸'가 오고 있을 때 알아차리는 방법과 그 녀석을 해치우는 방법을 미리 가르쳐주자. 이렇게 하면 아이와 부모가 같은 편에 서게 되고, 아이들이 자기 행동을 조절하기가 조금은 쉬워진다. 때로는 화가 나서 떼를 박박 쓰던 아이들이 그런 이름 때문에 갑자기 웃음을 터뜨리기도 한다.

● 고약하게 행동한 아이에게 벌을 줄 때는 부모가 실행할 수 없는 일로 겁을 주거나 줄 수 없는 것을 약속하지 말아야 한다. 일관성이 없는 부모의 말은 아이들에게 아무런 효력을 발휘하지 못한다. 그러니 부모가 정말 가고 싶은 바닷가 여행을 취소한다고 위협하지 말자. 부모가 정말 할 수 있는 일들과 우리의 삶을 엉망으로 만들지 않을 것들로 아이를 훈육해야 한다.

헤더(4세)의 엄마 캐롤라인은 개구리 심리 전술을 자주 쓴다. 헤더에게 '자 이제 어린이집에 가야지' 하면 헤더는 '싫어. 안 갈 거야'라고 말한다. 그러면 캐롤라인은 '어머, 이게 무슨 냄새야? 헤더 신발에서 나는 냄새인가? 이렇게 냄새나는 신발을 신고는 정말 헤더 말대로 어린이집에 못 가겠네'라고 말하면 헤더는 다시 반항하면서 어린이집에 가고 싶다고 한단다.

● 부모의 좋은
역할 모델이
최고의 교육이다

마지막으로 가장 중요한 팁 하나. 부모가 좋은 역할모델이 되어야 한다! 아이들이 듣는 데서는 다른 운전자에게 소리 지르지 말고 이웃과 시어머니에 관한 험담도 하지 말자. 속으로는 답답해 미치겠더라도 말이다.

우리 엄마 애니의 조언이다. "안타깝게도 아이들에게 어른들과 다른 잣대를 적용하는 일은 전혀 효과가 없어. 아이들을 혼란스럽게 만들 뿐이지. 아이들은 부모의 행동을 통해 사람을 대하는 법을 배우고, 적절하고 부적절한 행동을 판별하게 된단다."

어려운 점 하나 더. 정직이라는 개념을 배우고 있는 아이에게는 설사 진실이라도 다른 사람에게 상처가 되는 말을 하는 건 좋지 않다는 점을 설명하기가 어렵다. 부모라면 누구나 자기 아이가 "저 여자 엉덩이는 왜 저렇게 커?"라거나 "이 이상한 냄새는 뭐야?"라고 눈치 없는 질문을 해서 난감했던 경험이 있을 것이다. 급히 아이를 데리고 자리를 피하려는데 아이가 큰 소리로 "정말이란 말이야, 엄마"라고 항의하면 부모는 더욱 당황스럽다.

그럴 때는 아이들에게 "가장 친한 친구가 너에게 그렇게 말하면 어떻겠니? 화가 나지 않겠니?"라고 물어보자. "사실이라 할지라도 네가 들었을 때 기분이 좋지 않은 말은 다른 사람에게도 하지 않는 게 좋단다"라고 차근차근 설명해 주자.

대부분의 아이들은 착하게 굴려고 노력한다는 점을 기억하자. 정말이다. 아이들은 부모에게 인정받고 싶어 한다. 사회적으로 통용되는 예의범절을 아직 잘 모를 뿐이다. 아이가 막무가내로 떼를 쓰는 시기에 부모는 착한 행동과 못된 행동의 경계를 잘 가르쳐주어야 한다.

다시 우리 엄마 애니의 조언. "아이들이 부모에게 인정받는 걸 얼마나 좋아하는데. 부모는 그저 어떻게 해야 할지 가르쳐주기만 하면 된단다. 버릇이 없는 아이는 마음이 불안정하거나, 누가 가르쳐준 적이 없거나, 나쁜 행동의 경계선을 아직 잘 몰라서 헤매고 있는 아이일 뿐이란다."

부모는 경계선을 정하고 스스로도 그 기준에 부합하게 행동해야 한다. 그러면 아이들도 부모를 따라 모범적으로 성장할 것이다. 생각만큼 잘 되지 않으면 유리병을 꺼내와 포상 시스템을 도입하자. 아이의 행동거지를 가다듬는 데는 작은 선물이 놀라운 효과를 발휘한다.

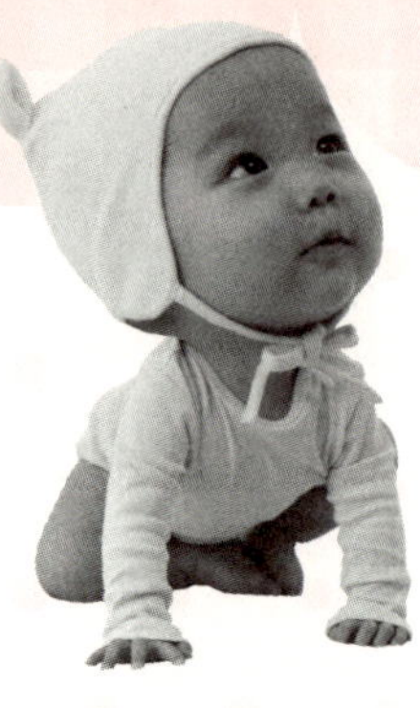

아이들에게 고급 음식점 예절 익히기
장난감 챙겨가고, 떠들면 단호하게 "안 돼"

미국 남가주 토랜스 거주 이민자 P 씨. 월급 받은 날 기분이 좋아 좀 무리하다 싶을 정도의 고급 음식점을 찾았다. 기분 좋을 줄 알았던 P 씨의 생각은 식탁에 앉자마자 무너졌다. 아이들이 떠들고 여기저기 돌아다니는 통에 말리느라고 정신이 없었다. 그런데 옆에 앉아서 식사를 하고 있는 미국 아이들은 얼마나 얌전하던지.

오랜만에 좀 무리를 해서 저녁 식사를 하러 멋진 레스토랑을 찾았다가 아이들이 말썽을 피워서 기분이 상하게 되는 부모들이 적지 않을 것이다. 아이가 지나치게 돌아다니거나 소란스럽게 할 경우 가족은 물론 주변 사람들도 기분을 상하게 만들게 된다. 돈만 쓰고 기분 나쁘게 집으로 돌아오지 않고 싶다면 베벌리힐스 매너를 설립한 리사 가체의 조언을 들어보자.

첫날 기선을 잡자

"첫 번째가 중요하다." 리사 가체의 말이다. 아이가 첫 번째 음식점에 가서 잘 하면 다음에도 그렇게 하지만 첫 번째에서 바람직하지 못한 식당 매너를 배우면 다음에도 그렇게 한다. 첫 번째 고급 음식점을 찾을 때 철저하게 익히도록 하자.

아이의 성격에 맞게 음식점 선택하자

어떤 아이는 차분하고 어떤 아이는 성급하다. 차분한 아이는 아무 레스토랑이나 가서 문제없이 잘 견디겠지만 성미가 급한 아이에게 몇 십 분씩 기다리는 일은 여간 힘이 드는 일이 아니다. 음식점에 가기 전에 아이의 성격을 봐서 성미가 급하면 패스트푸드점이 좋고 잘

참고 기다리는 아이 같으면 오래 기다리는 음식점으로 가도 좋다.

장난감을 챙겨가자

음식점에 머무는 오래 머무는 것이 아이에게 지루할 수가 있다. 사이사이 놀 수 있도록 장난감을 챙겨 가면 아이가 돌아다니며 소란을 피우는 일을 방지할 수가 있다.

아이에게 친절한 음식점을 고르자

가체는 식당을 선택할 때 주변의 의견을 들어 아이들에게 친절한 식당을 고르라고 추천한다. 그런 식당에 가면 아이들을 위해 준비한 것들이 있고, 아이들이 떠드는 것에도 민감하지 않아 주변에서 떠드는 소리에 아이들이 마음이 놓여 즐거운 식사를 하게 된다.

예행연습

비싼 음식점에 가기 전 평소에 소규모의 음식점에서 준비를 해 보는 것도 좋다. 아이들이 음식을 어떤 것을 좋아하는 지, 음식 먹을 때의 모습은 어떤지를 찬찬히 살피고 훈련을 시킨 후에 큰 음식점으로 가는 것도 좋은 방법이다.

매너 없는 행동을 할 때

아이는 6개월만 지나면 "안 돼"라는 말을 이해한다. 음식을 헤집는다든지 주변에 방해가 될 만큼 큰 소리로 떠들면 단호하게 "안 돼"라고 말해야 한다.

고급 음식점은 단순히 먹기만 하는 장소가 아니라 사교의 장소도 될 수가 있다. 예를 들어 아주 중요한 거래를 하는 사람들이 가족 긴의 식사를 제인할 수도 있다. 이런 경우 아이들이 적절하지 못한 매너를 보이면 상당히 당황하게 되고 상대에게 점수를 깎일 수도 있다. 그런 일을 당하지 않도록 평소에 잘 준비하자.

Part 09

아들과 딸

성별이 아닌 균형이 잡힌
아이로 키워라

● 어차피
아이들은
제 갈 길을 간다

딸에게 공주 옷을 입힐 것인가, 아들이 전쟁놀이를 하게 내버려
둘 것인가 하는 문제는 몇 세대에 걸쳐 부모들이 고심하고 또 고심했던
문제다. 아들은 무엇이며 딸은 또 무엇인가? 아들과 딸은 선천적으로
다른 걸까? 아니면 부모가 그렇게 만드는 걸까? 만약에 부모가 똑같이
대하고 똑같은 장난감을 준다면 공주 같은 딸, 선머슴 같은 아들의 모
습이 어떻게 변할까?

아무리 높은 이상을 가지고 항상 열린 마음으로 노력하는 부모
라할지라도 조금씩은 성역할에 대한 고정관념을 가지고 있기 마련이
다. 사실 우리는 날마다 아이들에게 여자는 이래야 하고 남자는 저래야
한다는 메시지를 전달하고 있다. 장난감과 옷도 은연중에 딸 아들 구분
해서 사게 되고, 밖에 나가서 뛰어노는 놀이에도 딸과 아들은 약간은

다른 시선으로 보게 된다. 심지어는 울 때 안아주는 방식에서도 딸과 아들은 차이가 있다.

어떤 부모들은 이런 걸 벗어나고자 '새로운 시대'에 맞는 접근을 시도한다. 딸에게 단색 옷을 입히고, 아들에게 액세서리와 꼬마요정 옷을 시험 삼아 줘보기도 하고, 인형과 장난감 자동차를 똑같이 사준다. '우리 딸은 선머슴이야', '우리 아들은 계집애 같은 데가 있어', '우리 딸은 부끄럼을 많이 타', '우리 아들은 작은 괴물이라니까'와 같은 말로 아이들을 쉽게 재단하지도 않는다. 야외에서 이리저리 뒹굴며 노는 시간, 부모와 함께 소파에 조용히 누워 있는 시간도 성별과 관계없이 마련해 준다.

그런가 하면 그런 고려를 전혀 하지 않는 부모도 있다. 어른 남자 옷을 축소한 듯한 귀여운 부츠와 멜빵바지를 입은 아들이 아빠 옆자리에 앉아 다리를 쩍 벌리고 축구 경기 시청에 몰입하는 걸 바라보며 흐뭇해 하거나 딸에게는 레이스가 잔뜩 달린 분홍색 옷을 입히고 주방놀이 세트 같은 걸 갖고 놀게 한다. 요즘은 여자 아이들이 너무 빨리 커버려서 그런 옷을 입힐 수 있는 기간도 얼마 되지 않지만 공주풍의 드레스를 입고 인형놀이나 주방놀이에 빠진 걸 보면서 너무 사랑스럽다고 느낀다.

만약 아들이 다리미판에 기어 올라가거나 딸의 인형을 가지고 놀고 있는 모습을 아빠가 본다면, 음…… 즉시 마당으로 데리고 나갈

지도 모른다. 내 남편도 우리 아들 찰리가 누나 에비의 분홍색 침실에 너무 오래 있으면 약간 걱정스러운 눈으로 쳐다보는 것 같다. 찰리가 '소녀적'인 취향을 가지게 될까봐 걱정하는 눈치다.

하지만 내가 수많은 부모들과 이야기를 나누어보고 내린 결론은, 부모가 어떤 의도를 가지고 어떻게 양육하느냐는 아이들의 성향에 별다른 영향을 미치지 못한다는 것이다. 어차피 아이들은 제 갈 길을 간다.

부모가 장난감 총을 사주지 않는 집의 남자아이가 바나나, 막대기, 혹은 손가락으로 친구를 쿡쿡 찌르며 "빵! 빵! 넌 이제 죽었다!"라고 소리치는 모습을 숱하게 보지 않았던가? 인형을 가지고 있지 않은 여자아이가 애완용 고양이, 테디베어, 부모가 아끼는 도자기 장식품 따위를 천으로 감싸서 유모차에 태우고 밀어주려 하는 모습은 또 어떤가? 따라서 전통적인 방법을 택하든 '새로운 시대'의 방법을 택하든 간에 부모들은 지혜롭게 행동할 필요가 있다. 힘없는 제비꽃이나 어린 특공대원 같은 아이가 아닌 균형 잡힌 아이를 원한다면 말이다.

올리비아(3세)의 엄마 빅토리아는 공주가 되고 싶다면 왕자를 구출하는 멋진 공주가 되라고 올리비아를 가르친다. "저는 딸이 강하고 자신감 있는 여성으로 자라기를 간절히 원했어요. 어떤 일이든 거리낌 없이 해내고, 남자들과도 당당히 경쟁할 수 있는 여성으로요. 지금도 그 마음은 변함이 없지만, 제 딸이 지금은 공주님이 되고 싶어 한다는 사실을 깨달았답니다. 제가 딸아이의 공주에 대한 환상을 깨버리면 아이의 자아 표현에 제약을 가하는 격이 되겠죠. 그래서 딸이 원하는 대로 공주님이라고 불러줍니다. 대신 탑 위에 앉아서 백마 탄 왕자님을 기다리는 공주가 아니라, 용과 싸워서 왕자를 구하는 공주님이라고 자주 말해준답니다."

남자 아이들도 항상 부모가 원하는 대로 행동하지는 않는다. 맨디와 데이빗은 아들의 과도한 남성적 에너지 때문에 전쟁이 벌어지리라 예상하고 만반의 준비를 했다. 그런데 지금 네 살인 아들 벤이 부모의 예상과 달리 옷을 쏙 빼입고 여자 아이들과 놀기를 좋아하자 굉장히 놀랐다고 한다.

"처음에 저는 남편 데이빗이 엄청 당황할 거라고 생각했어요. 하지만 남편은 벤이 마음대로 하게 해주려고 노력하더군요. 그러자 벤도 아빠를 기쁘게 하려고 남자들이 좋아하는 축구나 자전거타기 같은 운동을 아빠와 함께 했어요. 요즘도 하고 있고요. 그래도 아침에 아빠가 벤을 깨워서 준비를 시키는 날에는 늘 가장 남성적이고 거칠어 보이는 옷을 입히더군요."

학자들의 연구에 따르면 아이는 돌이 되기도 전에 성별 고정관념과 일치하는 행동을 시작한다고 한다. 심지어는 원숭이들도 성 정체성을 나타낸다는 연구 결과도 있다. 아기 원숭이들에게 다양한 장난감들을 주면 어린 수컷들은 공과 차를 선호하고 암컷들은 인형과 찻주전

자를 선호한다는 것이다. 그림책이나 강아지 인형처럼 중성적인 장난
감에 대한 선호도는 비슷하게 나타났다.

호르몬이 이렇게 일찍부터 영향을 미친다면 환경이나 가정 분위
기가 미치는 영향에 신경 쓸 필요가 있을까? 아마 없을 것이다. 아들과
딸은 다르다는 사실을 인정하자. 다만 그 '범위'를 조금 넓혀주자. 아들
이든 딸이든 개의치 말고 아이들이 다양한 장난감을 가지고 놀게 하자.
인형, 소꿉놀이 도구 등 돌봐주고 관리해야 하는 장난감과 자동차, 액
션 피겨 등 모험을 즐기는 장난감을 고루 안겨주면 된다. 아이들의 남
성성이나 여성성에는 절대 영향을 미치지 않는다. 정말이다!

● 아들, 목표를 명확하게 제시하라

● 아이에게 부정적인 단어로 낙인을 찍지 말자. 딸이었다면 '활기차다'고 했을 상황에서 아들에게 '반항적'이라고 말하고 있지는 않은가? 부모가 '너는 이렇다'고 말하면 아이들은 정말로 그렇게 자라는 경향이 있다. 따라서 부정적인 말을 자꾸 하면 아이에게 좋지 않다.

● 아들이 예민하고 세심한 성격이라면 학교나 또래집단의 모임에서 더 잘 어울리기 위한 작전을 세울 필요가 있다. 즉, 또래 남자 아이들과 축구를 즐기기는 어려울지라도 다른 분야에서 최고가 될 수는 있다. 재미있는 이야기를 잘 한다거나, 뭔가를 열렬히 수집한다거나, 놀림에 순발력 있게 대처하는 능력을 보여주는 것이다. 아이들은 금세 주의를 돌리기 때문에 축구장에서도 축구가 아닌 다른 것으로 스타가 될 수 있다.

● 아들이 집에서 폭풍처럼 이리저리 휩쓸고 다닌다면? 무조건 밖으로 내보내서 운동을 시키자.

● 집에 아들이 둘 이상 있다면 정말 어렵다. 현명한 부모는 아이들이 스스로 즐겁게 논다고 생각하게 만들면서 아이들의 남아도는 에너지를 없앤다. 남자들은 야외 활동에 적합하게 진화했다는 사실을 기억하자. 그러니 가능하다면 아이들을 정원이나 해변이나 숲으로 데리고 가자. 마음껏 뛰어 놀 공간이 있어야 하고, 나뭇잎을 긁어 모을 갈퀴나 흙을 파낼 모종삽과 같은 적당한 도구를 주어야 한다. 집안에 갇혀서 TV 앞에 모여 있는 남자아이들은 다이너마이트와 같다고 보면 된다.

● 남자아이들이 여러 명 있을 때 몸을 움직이게 만드는 가장 좋은 방법은 집단적 목표를 주는 것이다. 그냥 아무렇게나 뛰어다니며 구르기보다는 팀을 나누어 게임이나 운동을 시킨다. 남자아이들은 목표를 이루기 위해 그 누구의 말도 듣지 않고 자기 팀끼리 체계적으로 계속 움직일 것이다.

● 가끔 아들 녀석들과 수다 떠는 것을 잊지 말아야 한다. 아이에게 말을 걸고, 아이의 말에 귀를 기울이자. 아이가 집에서 감정을 표현하는 일이 당연하고 자연스럽다고 느끼게 해야 한다.

● 남자아이들은 생후 9개월 정도부터는 사람보다 물건에 더 집중한다는 점을 알아두자. 아이가 트럭을 가지고 놀면 부모도 다른 트럭을 하나 가져와서 바닥에서 같이 놀아주자.

● 남자아이들은 생후 18개월 정도부터 '남성 특유의 에너지'가 급증한다. 바닥에 놀이용 매트를 깔고 푹신한 베개를 여러 개 가져다놓

자. 그래야 아이들이 레슬링을 하고, 점프를 하고, 마구 달리기를
하더라도 이웃들이 항의하거나 물건이 깨지지 않는다.

● 아들에게 집안일을 가르쳐라. 그러면 아이는 여자들이 항상 자기
를 따라다니면서 치워주는 게 아님을 깨닫게 되고, 언젠가 독립할
때 스스로 살아갈 능력도 기를 수 있다. 똑똑한 남자는 자기 자신
과 다른 사람들을 돌볼 줄 아는 남자다.

● 아들이 집안일을 잘 한다면 반드시 아빠가 칭찬을 해주게 하자. 아
들은 아빠의 모습을 보면서 적절한 행동의 기준을 판단하는 경향
이 있다. 따라서 "우리 같이 엄마를 도와주자"라는 말보다는 아빠
가 아주 당연하다는 듯이 요리하고 장을 보고 빨래하는 모습이 더
중요하다. 우리 남편은 아직도 자기 와이셔츠를 직접 다림질하는
일을 자랑스럽게 여기고 있다. 왜냐하면 남편도 아버지가 다림질
을 하는 모습을 보면서 자랐기 때문이다. 마찬가지 이유에서 엄마
도 가끔은 전구를 갈아 끼우거나 자동차 보닛을 들여다보는 모습
을 보여주어야 한다.

● 공격성이 넘치는 남자아이는 게임과 역할놀이를 통해 균형을 맞춘
다. 힘세고 활발하면서도 한편으로는 세심하고 친절한 남자아이들
이 나오는 책을 읽어주자. 마음속에 있는 감정을 그림으로 그려보
라고 해도 좋다. 아이가 좋아하는 액션 캐릭터가 두려움이나 외로
움과 같은 감정 때문에 친구들에게 도움을 청한다는 역할놀이를
해보자.

● 아이가 캐릭터 인형의 머리를 쥐어뜯으면서 공격적인 행동을 한다
면 부모도 똑같이 해보자. 인형의 머리를 뚝 떼어내면서 이렇게 말

하면 된다. "오, 이런 잭이잖아. 내 친구 잭. 불쌍해라! 얼마나 아플까. 우리 의사선생님을 불러서 잭의 머리를 도로 달아달라고 하자." 이로써 부모는 아이에게 부상자 구조법과 우정을 동시에 가르쳐준 셈이 된다.

● 남자아이에게는 막연하게 방향을 일러주기보다는 단기간 내에 달성이 가능한 목표를 정해주는 편이 낫다. 이를테면 "네가 학교 공부를 더 열심히 했으면 좋겠다."라는 말보다 "다음 주에 수학시험을 잘 치르는지 한 번 볼까?"라는 말이 한결 효과적이다.

● 자주 안아주고 뽀뽀도 아낌없이 해주자. 아이가 원한다면 마음속의 두려운 감정을 말로 표현하게 해주자. 감정이란 여자아이들만 느끼는 게 아니라 사람이면 누구나 느끼는 거라고, 용감한 남자는 자기 마음이 어떤지 말하기를 두려워하지 않는다고 말해주자.

남자아이, 넘치는 에너지 어떻게 할까요?

조슈아(8세), 아서(5세), 메이벨(3세)의 아빠 폴

"우리는 조슈아의 방 문틀에 흡착기로 고정한 턱걸이용 막대기를 하나 설치했어요. 조슈아가 심하게 난리를 치면 위층으로 데려가서 턱걸이를 10번 하라고 시켜요. 그러면 조슈아가 정말 좋아합니다. 턱걸이를 하고 나면 긴장감이나 공격성이 덜해지는 것 같아요. 처음에는 막대를 아주 낮게 설치했다가 아이가 크면 점점 높여보세요. 조슈아가 학교에 입학했을 무렵 역할놀이가 큰 도움이 됐습니다. 조슈아가 싫어하

는 남자아이가 하나 있었거든요. 어느 날 저녁 우주전사 버즈를 가지고 역할놀이를 하던 중 그 이야기를 털어놓더군요. 우리는 조슈아가 그 아이와 잘 지낼 수 있는 방법을 게임으로 만들었어요. 조슈아는 며칠 동안 의기소침하게 있더니 그 후로는 훨씬 나아졌습니다.”

다니엘(10세), 톰(7세), 로리(5세)의 아빠 마크

“가끔은 군대의 훈련 교관이 된 기분입니다. 아이들이 싸우거나 완전히 흥분한 상태일 때는 모두 집합시킨 후 T체조를 시키거나 정원을 몇 바퀴 돌게 하거나 계단을 오르내리게 합니다. 열 바퀴를 가장 빨리 도는 아이에게 상을 주는데, 모두에게 한 번씩은 상이 돌아가게 하죠. 아니면 아이들에게 점프를 하면서 노래를 하게 하거나 숫자를 세거나 소리를 지르라고 시킵니다. 아이들이 기운을 소모하면서 집중할 수 있는 일이라면 뭐든지 시킨다고 보면 됩니다.”

벤(4세)의 아빠 데이빗

“우리는 벤과 함께 책을 읽는 시간을 반드시 가지려 합니다. 그러다 보면 자연스레 대화로 이어지지요. 벤이 유치원에서 돌아오면 아이 엄마 멘디도 반드시 아이와 대화를 나눕니다.”

잭(2세)의 엄마 에이미

“우리 오빠가 대학생이 되어 처음 독립했을 때는 정말 구제불능이었어요. 통조림을 딸 줄도 몰랐고, 빨래도 스스로 처리하지 못했으니까요. 오빠는 집안일을 속성으로 익혀야 했어요. 하지만 우리 아들은

스스로 생활할 수 있는 아이로 키울 생각입니다. 잭은 벌써부터 제가
청소나 요리나 빨래 개기를 할 때 도와주고 있어요.”

스스로 생활할 수 있는 아이로 키울 생각입니다. 잭은 벌써부터 제가

딸, 스스로 선택하게 하고 존중하라

여자아이 창조적으로 키우기

- 딸에게 순종하는 법부터 가르치지 말라. 딸에게 선택권을 주고 그 선택을 존중하는 부모가 돼라. 부모 뜻에 따르라고 강요하지 말자. 대다수 성인 여자들은 어릴 때 손님들로 가득 찬 방안을 돌아다니며 모두에게 억지로 굿나잇 키스를 했던 기억이 있을 것이다. 그리고 그런 시간이 정말 싫었을 것이다. 아이가 문 쪽에 서서 모두에게 한 번만 말로 인사를 하고 싶다고 한다면 그렇게 하도록 내버려두자.

- 딸이 자라면 약간의 사생활을 보장해야 한다. 지금 네 살인 에비만 해도 얼마 전에 이제부터 혼자서 대변을 보겠다고 선언했다. 나는 마지막에 들어가서 엉덩이를 잘 닦았는지만 확인하기로 했다. 솔

직히 말해서 나는 에비를 십분 이해한다. 나 역시 다른 사람이 없는 데서 용변을 보는 게 더 좋으니까.

- '안 돼'라고 말하기를 겁내지 말자. 때로는 아주 단호한 거절도 필요하다. 어떤 부모는 딸에게 안 된다는 말을 아끼다가 아들에게는 죽었다 깨도 허락하지 않을 일을 허락하고 만다. 하지만 딸에게도 원칙이 필요하다. 부모의 '안 돼'가 진심이라는 걸 알려주자.

- 여자아이들은 남자아이들보다 언어를 빨리 습득하는 경향이 있고 말을 통한 감정표현 능력이 우수하다. 하지만 몸을 움직이는 활동도 권장해야 한다. 옷을 더럽히기도 하고, 나무에 오르기도 하고, 웅덩이를 뛰어넘기도 하면서 놀게 하자. 몸을 움직여야 아이의 뇌 안에 있는 신경계가 발달하고 학습에 필요한 신경 경로가 만들어진다. 딸이 공주처럼 새침을 떠는 성격인가? 그렇다면 공주의 성을 나무 위, 진흙 웅덩이 건너편, 플라스틱 터널 반대편에 세워보자.

- 아빠들은 딸들이 아빠를 마음대로 조종하려고 한다는 사실을 알아야 한다. 물론 아빠와 딸의 관계에서 응석을 약간 받아주는 건 아주 좋은 일이다. 하지만 나중에 세상에 나가면 애교를 떨고 눈을 깜박이는 것만으로는 아무것도 얻지 못한다는 것도 딸에게 가르쳐야 한다.

- 딸이 자기 능력을 십분 발휘하도록 아빠가 도와주면 좋다. 아이가 퍼즐을 잘 풀지 못한다고 해서 대신 해주는 식의 과잉보호는 금물이다. 아이 스스로 다시 노력해서 해결책을 찾도록 도와주자. 딸이 남의 도움 없이는 아무것도 못하는 사람이 아니라 능력 있는 사람이 되기를 바란다면 말이다.

● 딸에게도 마음속의 강렬한 감정을 표현하게 해주어야 한다. 긍정적인 감정이 아니어도 괜찮다. 질투를 느끼거나 화가 나거나 짜증이 날 때 그 감정을 밖으로 표현할 수 있게 해주자. 공원에 데려가서 최대한 크게 소리를 지르게 하거나 베개를 주고 주먹으로 마구 치게 하는 방법도 있다.

● 선머슴 같은 여자 아이에게도 최소한의 집안일을 시키자. 그래야 나중에 자기 자신을 챙길 수 있으니까. 찐득찐득한 반죽을 숟가락으로 탁탁 치면서 요리를 하게 하거나, 우비를 입고 자동차, 마룻바닥, 창문 따위를 닦게 하면 어떨까?

● 요정처럼 예쁜 딸이 있다면 잘 차려 입히고 손톱도 칠해주자. 하지만 장난감 간호사 가방보다는 의사 가방을 사주고, 옷을 입기만 좋아하는 사람보다는 새로운 패션을 창조하는 사람이 되라고 말해보자.

올리비아(3세)의 아빠 피어스는 아내를 보면서 딸이 감정표현을 잘 할 수 있도록 도와야겠다고 생각했다. 올리비아의 엄마는 어릴 적에는 얌전히 있으라고 강요당한 게 불만이었다. 그들은 시간이 날 때마다 함께 공원에 나가 개와 함께 뒹굴면서 장난치고 소리지르며 감정을 표출시킨다.

반대로 할머니가 아이를 도와준 경우도 있다. 세 살인 에스메는 벌써부터 모델이 되고싶다고 조른다. 에스메의 부모는 별로 탐탁지 않게 여겼지만 할머니는 에스메가 직접 드레스를 만들어 입어보게 하자고 했다. 에스메의 부모는 단추 하나도 못 다는 아이에게 어떻게 그걸 시키냐고 걱정했지만, 에스메와 할머니는 해냈다. 둘이서 오랜 시간을 들여서 드레스를 만들었고, 에스메는 지금 모델이 아닌 디자이너가 되고 싶다고 한다.

요컨대 부모는 아이에게 다양한 기회를 제공하면서도 지나친 비판은 삼가야 한다. 그냥 아이와 함께 즐겨보자. 세상에는 별별 사람이 다 있는 법이다. 아들이 고양이를 장난감 총으로 쏠 수도 있고, 딸이 엄마가 아끼는 하이힐을 몰래 꺼내 신을 수도 있다. 아들이 엄마의 립스틱을 바를 수도 있고, 딸이 이웃집 여자아이를 때려눕힐 수도 있다. 어린 아이들은 어차피 우리가 원하는 대로 '제조'되지 않는다. 그러니 괜한 일에 기운을 쓰지 말자.

"
요컨대 부모는 아이에게 다양한 기회를
제공하면서도 지나친 비판은 삼가야 한다.
그냥 아이와 함께 즐겨보자.
어린 아이들은 어차피 우리가 원하는 대로
'제조' 되지 않는다. 그러니
괜한 일에 기운을 쓰지 말자.
"

양성평등 개념 심어주는 아빠 육아
'아들 딸 구별 말고, 자유롭게 자라도록 해주세요'

아들은 눈물을 흘리면 안 된다고 생각하거나 딸에게 얌전하길 요구하는가? 이런 사고방식은 아이의 발달과 재능 탐색에 제약을 가져와 아이의 미래에도 악영향을 준다. 양성평등 육아는 단순히 남녀역할을 규정짓지 않는다는 것을 넘어, 아이에게 합리적 사고를 심어주고 다양한 역량을 쌓도록 도와준다. 양성평등 육아를 실천하는 아빠의 말과 행동, 가정에서의 역할을 살펴보자.

부부가 평등하게 가정을 이끌어나가고 있는 지금 사회에도 양성간의 불평등 의식은 깊숙이 뿌리 박혀 있다. 그런데 부모가 가진 성역할에 대한 고정관념은 무의식중에 아이에게 전달될 수 있다. 아이랑발달심리클리닉 석세진 소장은 "부모가 성차별적인 말과 행동을 자주 하는 경우 아이의 발달이 제한당하거나 한쪽으로 꺾이게 됩니다. 아이의 발달과 학습의 균형적인 발전을 위해서는 양성평등 육아를 위해 노력해야 하죠. 특히 성차별적인 의식이 강한 아빠라면 아이를 진정으로 위하는 것이 무엇인지 생각하고, 양성평등 육아를 위해 더욱 신경 써야 합니다"라고 조언한다.

양성평등육아 위해 아빠가 지켜야 할 일

▶ **놀이에 성별을 매기지 않는다** 남자아이는 로봇이나 총 놀이, 여자아이는 인형놀이를 하는 것이 자연스럽다고 생각하는 경우가 많다. 그래서 남자아이가 소꿉놀이를 하거나 고무줄뛰기를 하는 경우 '남자답지 못하게 그게 뭐냐?' 라고 여기기도 한다. 석세진 소장은

"공기놀이나 고무줄뛰기는 여자아이가 하는 놀이라는 생각은 아빠의 관점일 뿐입니다. 아이는 소꿉놀이를 통해 역할을 익히고, 고무줄뛰기를 하며 신체활동 자체를 즐기는 것이죠. 놀이를 선택하는 것은 성적인 특성이 아닌 흥미나 취향에 따르는 것입니다. 놀이에 대해 성적인 색깔을 입혀 아이의 활동을 제한하는 것은 금하도록 합니다"라고 조언한다.

만약 여자아이에게 인형 놀이만 해야 한다고 강조하여 블록이나 로봇을 가지고 놀아본 경험이 적다면, 이공계 쪽에 흥미를 느끼지 못해 자신의 적성분야를 찾는데 제약을 받을 수도 있다. 놀이는 아이의 흥미와 발달을 위해 중요한 것이므로 위험한 것을 제외하고는 자유롭게 선택하도록 해야 한다.

▶ **성별에 따라 행동을 제한하지 않는다** '여자애가 얌전하지 못하게 왜 이리 뛰어다니니?' '넌 남자니까 씩씩해야지' 라며 성적인 기준으로 아이의 행동에 대해 평가하거나 제한하는 것은 금한다. 특히 남자는 뭐든 잘한다거나 여자니까 안 된다는 식의 남녀차별적인 말을 자주 하면 남자아이는 자기중심적인 사고방식, 여자아이는 열등감을 갖게 된다. 여자니까 얌전해야 한다는 게 아니라, 조용히 해야 하는 장소이기 때문에 뛰지 말아야 한다는 등의 객관적인 기준으로 말해야 한다.

▶ **아빠가 행동으로 모범을 보인다** 가정에서 하는 일에 아내가 할 일, 남편이 할 일을 따로 나누지 않도록 한다. 가사는 부부가 함께 분담해야 한다. 아내와 남편이 할일을 정해 두기보다는 각자 자신이 잘하는 부분을 맡아서 하는 것이 좋다. 부부가 함께 요리도 하고, 엄마가 설거지를 하면 아빠는 거실을 청소하는 등 가사 일을 자유롭게 나눠서 하는 모습을 아이에게 보여주는 것이 효과적이다.

▶ **아이의 감정을 잘 수용해 준다** 아이가 자신의 감정을 표현하면 그것을 평가하거나 억압하지 말고 있는 그대로 수용해 준다. 아들이니까 그렇게 생각하면 안 된다거나 남자니까 강해야 한다고 규정짓는 것은 아이에게 편견을 심어주고 위축되게 만든다. 아이가 감정이나 생각을 솔직하게 표현하도록 하고 함께 나누면 아빠와 친밀감도 높아진다.

Part **10**

친구

사회생활의 첫 매듭

● 갈수록 친구를
사귀는 나이가
빨라지고 있다

작년에 딸 에비에게 '단짝 친구'가 생겼다. 에비와 친구는 둘 다 세 살이었는데, 유치원 선생님 말에 따르면 둘은 자주 말다툼을 하고 "넌 이제 내 단짝 친구 아니야!"라고 선언한다는 것이다. 하지만 몇 분 지나지 않아서 싸울 때와 똑같이 강렬한 애정을 표현하며 끌어안고 화해한다고 했다.

나는 순진하게도 이런 일들이 '진짜 학교'에 가야 시작된다고 생각했다. 단짝 친구? 친구와 싸운다고? 그건 열세 살쯤은 되어야 일어나는 일 아닌가?

그렇지 않다. 유치원 선생님들의 말을 들어보면 대개 여자아이들이 남자아이들보다 일찍 이런 친구관계를 맺기 시작한다. 유치원에

다니는 남자아이들은 한꺼번에 떼 지어 다니기를 좋아하고, 자동차나 블록 따위의 장난감 주위에 몰려 있는 경향이 있다. 남자아이들의 유일한 희망사항은 '여자애들 출입금지'다. 그것도 학교에 들어가면 달라지지만.

여자아이들은 만 2세나 3세만 되어도 짝을 지어 다닌다. 에비의 반에 속한 여자아이들도 두어 명씩 아주 분명하게 짝을 지어 논다. 적어도 에비가 보기에는 그렇다고 한다. "아, 포피는 착해. 그런데 포피는 캐리 친구야. 우리하고도 놀기는 하는데 보통은 그 애들끼리 놀아."

다행히 1년이 지나자 에비와 '단짝 친구'는 여전히 가깝긴 하지만 친구관계의 범위를 넓혀서 다른 여자아이들과도 친하게 지내려고 한다. 이렇게 어린 아이들이 친구 한두 명에게 유난히 애착을 가지는 걸 보면 부모는 신기하고 귀엽다는 생각이 들면서도 한편으로는 마음이 불안해진다.

단짝 친구의 좋은 점은 부모에게서 배우지 못하는 기술을 가르쳐준다는 것이다. 어린이집이나 유치원에 다닐 나이의 아이들은 친구를 사귀고 싶어 하긴 해두 복잡한 인간관계를 원만하게 이어 나갈 만큼 성숙하지는 못하다. 남의 말을 잘 들어주고, 어떤 일을 번갈아 가면서 하고, 상대방의 입장에서 생각하는 훈련도 부족하다. 가까운 친구들과의 관계는 아이에게 이런 것들을 가르쳐준다.

이는 모두 좋은 일이다. 그러나 아이와 그 '단짝 친구' 가 서로를 심하게 때리거나 둘 다 탐내던 장난감을 찢어버리면서 싸움을 일삼는 다면, 부모에게는 싸움을 진정시킬 몇 가지 요령이 필요하다.

● 자연스럽게
친구를 사귀도록
돕는다

만약 우리 아이가 친구 하나 없이 구석에 혼자만 있다면 어떻게 해야 할까? '왕따' 다 뭐다 해서 시끄러운 세상에 부모의 걱정은 이만저만이 아닐 것이다.

헤더(4세), 머레이(1세)의 엄마 캐롤라인

"우리가 이사를 하고 나서 헤더는 어린이집에 다니기 시작했어요. 그곳 아이들은 이미 서로서로 잘 알고 있더군요. 저는 헤더가 친구를 사귈 수 있도록 도와줬어요. '저것 좀 봐라, 저 여자아이가 너랑 똑같은 가방(머리띠, 신발…)을 가지고 있네'라고 알려주면 아이들이 자연스럽게 대화를 시작하죠. 특히 여자아이들에게 잘 먹히는 방법이에요. 만약에 제가 강아지나 토끼를 키우는 집을 알고 있었다면 이렇게 말했겠죠. '아, 저기 안나가 있네. 안나네 집에 토끼가 있다는 거 아니?' 그럼 헤더는 신이 나서 안나에게 토끼 이야기를 하죠."

만 3세 전후의 어린 아이들은 부모가 친구관계에 개입해도 별로 창피해하지 않는다. 에비의 할머니 크리스틴은 에비의 사촌인 프레디 (3세)를 자주 돌봐준다.

"프레디는 정말 외톨이야. 엄마들이 아기를 데리고 모이는 자리에 가면 프레디는 다른 아이들과 함께 놀기를 거부하다시피 했지. 프레디가 트럭을 가지고 노는데 다른 아이가 그 트럭에 손이라도 대면 얼른 손을 치워버리지 뭐냐. 그래서 내가 끼어들어서 다른 아이들과 함께 놀기 시작했단다. 가령 다른 아이들에게 퍼즐을 가지고 놀게 하면서 프레디를 끌어들인 거야. 잠시 후 프레디와 아이들은 함께 퍼즐을 하게 되었어. 내가 프레디를 그냥 뒀다면 그런 일은 절대 생기지 않았을 거야."

나이가 더 많은 아이들에게는 간접적인 방법으로 접근해야 효과가 있다. 1남 2녀의 아빠 리처드는 딸들이 클럽에 가는 휴일이면 아들 올리버(8세)가 집에 혼자 남는다는 사실을 알게 되었다. 다시 말해서 아빠가 올리버의 '친구' 역할을 해주어야 하는 상황이었다.

"우리는 가끔 캠핑을 갑니다. 그러면 저는 아들에게 크리켓을 한 판 하자고 말하죠. 올리버와 나이가 비슷해 보이는 남자아이 한 명을 마음속으로 점찍고 그 아이가 머무는 캠핑카 바로 옆에서 시합을 합니다. 그 남자아이가 구경을 하고 있으면 제가 같이 하자고 권유하죠. 아이들이 죽이 맞기 시작하면 저는 살짝 빠져나오고 둘이서 마음껏 놀게 내버려둡니다. 지난번 캠핑 때는 두 남자아이가 주말 내내 친하게 지냈습니다."

아이가 단순히 어려서 낯가림을 하는 정도가 아니라 특별히 부끄럼을 많이 탄다면 인생이 아주 고달플지도 모른다. 하지만 수줍음이 많은 아이에게 친구를 사귀라고 억지로 등을 떠밀다가는 그렇잖아도 빈약한 자신감에 더 큰 상처를 입힐 우려가 있다.

클로에(4세)의 아빠 롭
"파티에서 다른 아이들은 모두 잘 노는데 우리 아이만 아빠 다리를 꽉 붙잡고 있을 때면 참 난감하죠. 그래도 우리는 클로에가 듣는 데서는 '수줍어한다'는 단어를 쓰지 않으려고 노력합니다. 아이의 성격을 섣불리 단정 짓고 싶지는 않으니까요. 그냥 아이의 자신감을 키워주고 자연스러운 행동이 나오도록 도와주려 합니다.

우리는 아이들 수가 적어서 클로에가 위축되지 않을 만한 놀이 그룹을 찾아냈습니다. 그리고 클로에가 자신감을 가질 수 있도록 다른 아이들을 우리 집으로 초대해서 놀게 했습니다. 가끔 자기보다 어린 아이가 있으면 클로에는 자기가 놀이를 주도할 수 있다고 생각해서인지 한결 활발해지는 것 같더군요."

수줍음을 많이 타는 아이들은 부모가 도와줄 필요가 있다. 하지만 친구관계에 지나치게 간섭하면 역효과가 생길 수 있으니 주의하자.

마니(9세), 프레디(3세)의 엄마 맥신

"어떤 엄마들은 너무 많이 '관여'하더군요. 아이들이 다툴 낌새가 보이면 1초 만에 달려가서 화해시키려 하고, 아이들이 별로 좋아하지 않는 사람들과 억지로 놀게 하는 엄마들이 있어요. 그런 엄마들 중에는 자기 스스로도 친구를 잘 사귀지 못하는 사람들이 많아요."

아이가 친구와 어울리지 못하고 겉도는 걸 보고 기분이 좋은 부모는 세상에 단 한 명도 없다. 그런 상황에서는 자신도 모르는 사이에 아이 손을 잡고 어떤 행동을 불쑥 하게 된다. 예를 들어 "친구와 사이좋게 지내야지 그러면 좋은 사람 아니야." 라고 말한다든가, "친구들이 아직 같이 놀 마음이 없나봐, 이제 집에 들어가자." 라고 말하며 상황을 종료시키는 행동을 부모가 하게 되는 것이다.

하지만 친구관계를 잘 맺고 잘 키우는 것은 아이 자신의 몫이다. 당장은 어렵더라도 지속적인 접촉을 통해 아이가 친구와의 관계를 스스로 정립해 갈 수 있도록 부모는 돕기만 해야 한다. 만약 부모가 사사건건 개입하고 나서면 그 아이는 부모가 있다는 전제하에 모든 상황을 전개하게 된다. 예를 들면 아이는 사소한 말다툼에도 엄마가 나서서 친구를 혼내줄 거라는 생각을 하게 되는 식이다.

우리가, 우리 부모들이 아이에게 친구가 필요하다고 생각하는 이유가 무엇인가? 또 아이들에게 친구를 만들어주기 위해 기회를 마련하는 이유가 무엇인가? 친구는 사회생활로 나가는 첫 매듭이다. 풀 수도 있고, 묶을 수도 있다. 매듭을 처음 지을 때 엄마가 지어주면 편하다. 그렇지만 어느 때인가부터는 혼자서 매듭을 짓고 풀 수 있게 된다. 우리 아이가 얼마나 관계 매듭을 잘 짓고 푸는지는 엄마의 개입이 적절한가 여부에 달려있다고 해도 과언이 아니다.

● '플레이 데이트'를
활용하자

　　아이들의 친구 관계를 '기획'하는 가장 확실한 방법은 지금은 널리 알려진 '플레이 데이트'다. 미국에서 건너온 문화인 '플레이 데이트'는 어린 아이들에게 사회성을 길러주는 방법으로 많이 사용되고 있다. 아이의 친구들을 단순하게 집으로 초대하는 것이 아니라 어떻게 몇 시간 동안 누구와 함께 놀 것인지를 아이가 정해서 친구에게 알려주고 초대하는 방식이다.

　　한자리에 둘러앉은 여자들이 사나운 본성을 감추고 미소를 지으며 약속을 정한다고 생각하면 조금은 무섭기도 하다. 평소에는 두 마디 이상 대화를 나누지 않던 엄마들이 서로의 차이점을 뒤로 하고 아이들의 사회성을 기르기 위해 달려드는 것이다.

플레이 데이트가 있을 때는 부모가 주의를 기울여야 한다. 그렇지 않으면 제아무리 꼼꼼하게 계획을 세웠더라도 놀이가 세계대전으로 끝날 수 있다. 알록달록한 플라스틱 파편과 장난감 조각들이 흩어진 전쟁터에 상처 입은 아이들이 누워 있을지도 모른다.

벤(4세)의 엄마 맨디는 누가 플레이 데이트 예절에 대한 책을 써야 한다고 주장한다. 맨디의 아들과 친구의 아들이 플레이 데이트 시간에 치고받고 싸워서 친구와도 절교할 뻔 했다는 것이다. 그 친구의 관계가 회복되는 데 6개월이나 걸렸단다.

플레이 데이트 준비 · 진행요령

● 처음에는 우리 집에서 하겠다고 제안하자. 그러면 우리 아이가 자기에게 익숙한 환경에서 놀이를 할 수 있고, 필요할 때는 우리가 UN평화유지군처럼 개입할 수 있다.

● 플레이 데이트를 시작하기 전에 규칙을 정해야 한다. 장난감 같이 가지고 놀기, 차례 지키기, 공손한 말 쓰기, 물건을 던지거나 친구를 때리지 않기, 욕하지 않기 등 부모가 중요하게 생각하는 규칙을 미리 정해서 알려주어야 한다.

● 문제가 생긴 것 같아도 부모가 곧바로 끼어들어 육군 장교처럼 중재하지는 말자. 아이들이 스스로 문제를 해결할 기회를 주자. 하지만 통제 불능의 상황으로 치닫지 않도록 하기 위해 귀를 쫑긋 세우

고 있어야 한다.

- 끝나는 시간을 미리 정하자. 어린 아이들이나 서로 잘 모르는 아이들에게는 두 시간이면 충분하다. 미리 핑계거리를 준비해 놓아도 좋다. 어린 아이라면 아이가 낮잠을 자야 한다고 말하면 되고, 큰 아이라면 약속이 있다고 하거나 지하철역에 가서 아빠를 태우고 와야 한다고 말하자.

- 아이들이 배가 고프거나 피곤하지 않을 시간을 선택하자. 유치원 오전반이 끝나고 나서 바로 플레이 데이트가 이어지는 건 바람직하지 않다.

- 장난감 때문에 문제가 생기지 않도록 현명하게 대처하자. 하나밖에 없는 특별한 장난감이라면 미리 치워놓는 센스가 필요하다.

- 아이들끼리 싸움이 벌어지지 않도록 아예 장난감이 없는 곳으로 정하는 것도 색다른 재미가 있다. 여름에는 놀이터나 바닷가가 놀이 장소로 아주 좋다. 날씨가 별로일 때는 그냥 거실에 음악을 틀어놓고 아이들에게 춤을 추라고 해도 좋다.

- 새로운 놀이를 해보자. 성인용 더블침대 위에서 담요로 동굴을 만들거나, 자연 속에서 산책을 하면서 봉투에 뭔가를 모아오게 하면 어떨까? 어린 아이들에게 장난감을 같이 쓰라고 하기가 어렵다면 어떤 활동을 같이 시키자.

- 음식을 활용하자. 물론 아이 친구의 부모에게 간식을 먹여도 되는지, 혹시 알레르기가 있는지 미리 확인해야 한다. 때로는 간식이 기적을 일으키기도 한다. 아이들이 서로에게 짜증을 내기 시작할 때 간식을 내오면 분위기 전환에 최고다. "과자 먹을 사람?"이라고 한

마디만 하면 되니까. 잔디밭 위에 돗자리를 깔거나 카펫 위에서 간식을 먹으면 더욱 좋다.

올리비아(3세)의 엄마 빅토리아

"11월이고 약간 흐린 날 오후였는데, 저는 올리비아와 친구를 그냥 욕조 속에 넣었어요. 그 친구의 엄마도 같이 있었는데 괜찮다고 했거든요. 그러고는 욕실용 장난감과 욕실용 크레용을 줬더니 아이들이 그 안에서 살이 쪼글쪼글해질 때까지 아주 재미있게 놀더군요."

아이의 상상 속의
친구와 놀아주기

아이의 친구가 뼈와 살이 있는 실체라면 문제가 없다. 하지만 아이가 상상 속의 친구와 놀고 있다면 부모가 요령 좋게 대처해 나가야 한다.

상상 속 친구는 유치원에 다닐 정도 나이의 아이들에게 많다. 아이들의 내면세계가 풍요로워지고 상상력이 발달하는 시기인 까닭이다. 외동이나 맏이들이 상상 속 친구를 만들어내는 경우가 더 빈번한데, 아동 심리학자들은 이를 정상적인 발달과정의 일부로 보고 있다.

아이가 진짜 친구들과 함께 있을 때 잘 어울리고 활발하다면 상상 속 친구가 있다고 해서 걱정할 필요는 없다. 사실은 장난감을 너무 많이 가지고 있거나 너무 바쁜 일정을 소화하며 살아가느라 상상력을 키울 여지가 없는 아이들보다 상상 속 친구를 가진 아이들이 더 행복하다. 그러니 아이의 내면세계를 존중해주고, 너무 꼬치꼬치 캐묻거나 놀리지 말자. 일정한 한도 내에서 부모가 장단을 맞춰주어도 좋다. 상상 속 친구의 이름을 불러주기도 하고, 깔고 앉았을 때는 사과도 하면서 아이가 만들어낸 세계를 존중하는 모습을 보여주자.

상상 속 친구는 아이들이 실제 세상을 살아가는 데 필요한 사교 기술을 연습하는 훌륭한 방법이라는 점을 기억하자. 그리고 부모의 입장에서도 상상 속 친구를 유용하게 써먹을 수 있다.

에스메(3세)의 아빠 피터

"우리는 에스메가 상상해낸 빙크스라는 친구가 당근을 좋아한다고 말해주곤 했어요. 빙크스 덕택에 우리 딸에게 채소를 먹이기가 아주 수월했다는 거 아닙니까."

아이의 친구가 상상 속에 있든 실재하든 간에 부모는 항상 걱정이 태산이다. 아이가 친구들에게 인기가 있을까? 또래집단에 잘 섞여 들어갈까? 부모가 이렇게 안절부절못하는 원인은 십중팔구 자신이 어릴 때 친구들을 사귀며 겪었던 좋고 나쁜 기억들에 있을 것이다. 하지만 부모의 짐을 아이에게 지우지 않도록 노력하자. 선배 엄마들의 공통된 조언 중 하나가 바로 이를 악물고 하고 싶은 말도 꾹 참아 가며 밝고 다정하게 웃는 연습을 하라는 것이다. 그리고 좋은 친구가 되는 일은 참으로 어렵다는 걸 아이가 직접 부딪치며 배우게 하라는 것이다.

뜻대로 되지 않을 때 친구를 무는 아이
아이와 친구와의 트러블, 유형과 해결방법

아이가 친구와 트러블이 생길 때의 대처법을 유형별로 소개한다. 포인트는 아이의 기분을 이해해주면서 어떤 해결방법이 좋은지를 제시해주는 것이다.

아이가 너무 얌전해서 항상 갖고 놀고 있는 장난감을 뺏겨 울고 있어 걱정이다.

싫을 땐 싫다고 말해도 좋은 것이라고 자신의 마음을 전달하는 것이 좋다고 가르쳐주자. 아이의 심성이 착하고 얌전한 경우는 "싫다"고 말하는 것도 괴로운 일이 된다. 장난감을 뺏겨 슬픈 나머지 아이가 잘 말할 수 없을 때는 엄마가 대변해주어도 좋다. 사람과 사람사이의 감정이 부딪치는 것을 피하고 싶고, 상대를 배려하는 마음이 강한 아이는 울지 않고 바로 빌려주기도 한다. 이 경우는 "착하다. 빌려줘서 고맙대"하고 상대방 아이의 마음을 전해주도록 하자.

마음에 들지 않으면 큰 소리를 내거나 울고 짜증을 내므로 다른 아이와 사이좋게 지내지 못한다. 어떻게 하면 좋을까?

아이가 자신의 욕망을 아직 말로 표현할 수 없는 것이다. 우선 자신의 생각을 받아들여주고, 완전히 충족되는 것이 중요한 시기이다. "싫었구나", "아직 놀고 싶니?"하고 아이의 생각을 말로 공감해주자. 아이가 성장함에 따라 대화로 소통할 수 있게 된다.

뜻대로 되지 않으면 상대를 때리거나, 물어버리는 경우가 있다.

이런 유형의 아이들은 사람과의 관계를 아주 좋아하고 활동적이다. 때리거나 무는 것은 제지하고, "때리면 아프잖니. ○○하고 싶었구나" 하고 말해준다. 자신의 생각과 상대의 생각이 다른 것이나 부딪치게 되는 경우가 있다는 것을 이해하는 것이 중요하다. 생각을 제대로 말로 전할 수 있게 되면 트러블도 줄어들게 된다.

친하게 지내고 있는 엄마와 서로 아이를 꾸짖어도 된다고 말은 했지만, 실제로는 아이 엄마가 있을 때 상대의 아이를 꾸짖게 되면 관계가 악화될까 염려된다.

상황에 따라서는 "왜 우리 아이를 꾸짖어?"라고 생각하게 될 수도 있다. 서로 꾸짖게 되는 포인트를 잘 알고 있지 않으면 하기 어려운 경우도 많을 것이다. 아이 중 하나를 꾸짖기보다는 아이들의 마음을 대변해서 해결할 수 있는 힌트를 제시해주자. 문제가 생겼을 때는 그때마다 자신과 상대의 생각이 어떠한지, 또 해결 방법은 어떤 것이 좋은지에 초점을 맞추어 설명하는 것이 중요하다. 바로 이해하지 못하거나, 또 같은 짓을 저질러버려도 반복해서 계속 전달하는 것이 중요하다. 아이가 상대의 기분을 이해하고 점차 자신만의 욕구와 세계에서 벗어날 수 있도록 도와주는 것이 포인트이다.

Part **11**

형제 자매

부모가 나서면
아이들은 더 싸운다

● 사이좋은 형제자매는 뱃속에서 시작된다

아이가 친구들과 사이좋게 같이 놀도록 하는 일이 쉬운 일은 아니다. 동생이 생길 때까지 기다려보라. 친구와 사이좋게 지내는 것보다 형제자매 간에 사이좋게 지내도록 하는 일이 몇 배는 더 힘들다는 것을 알게 될 것이다. "사소한 말다툼이나 가끔 하지, 애들은 사이가 너무 좋아요."라고 말하는 부모는 거의 없다. 아이가 둘 이상 있는 부모들이 형제간의 전쟁을 원만하게 수습하려면 고도의 수완과 재치와 능력을 발휘해야 한다.

육아를 사다리에 비유하자면 나는 '형제'라는 아주 어려운 칸에 막 발을 올린 엄마다. 에비의 남동생 찰리가 얼마 전에 태어났기 때문이다. 몇 주 전까지만 해도 누나가 장난으로 콕콕 찔러보는 것 말고는 평화롭게만 지냈던 녀석이 이제는 매우 시끄러운 울음소리로 집안에서 자기 존재를 확실하게 드러내고 있다.

따라서 내가 이 장에서 다른 부모들의 말과 아동 전문가들의 조언에 크게 의존하는 점에 대해 양해를 부탁한다. 그래도 세 살짜리 아이에게 곧 누나가 된다는 사실을 어떻게 알려주어야 하는지에 대해서는 한마디 할 수 있다.

사실은 여기서부터 이야기를 시작하고자 한다. 아이에게 새 동생을 맞이할 준비를 어떻게 시킬 것인가? 우선은 태어날 아이의 성별을 미리 알아볼지 말지가 이 과정에 상당한 영향을 미치는 듯하다.

부모가 아기의 성별을 미리 알려주지 않으면 큰아이의 입장에서는 '새로 태어날 아기'라는 개념이 다소 모호하게 느껴지는데, 어떤 부모들은 그게 더 낫다고 생각한다. 부모의 시간과 애정을 빼앗아갈 경쟁자가 생긴다는 혹독한 현실이 어차피 곧 닥칠 테니까.

우리는 임신 20주경에 둘째가 남자아이라는 사실을 알게 되었다. 아이의 성별을 미리 알았기 때문에 편리한 점이 두 가지 있었다, 하나는 데이지라는 이름의 여동생을 간절히 원했던 에비의 마음을 달래줄 시간이 생긴 것이고(결국 에비는 남동생이 생긴다는 사실을 기쁘게 받아들였지만, 여전히 남동생을 데이지로 부르고 싶어 했다), 또하나는 에비가 미래의 동생을 더욱 실감나게 상상할 수 있었다는 것이다. 에비는 아직 자궁 안에 있는 동생을 '그 애'(he)라고 부르면서 동생이 어떻게 생겼

을지, 어디서 잠을 잘지, 어떻게 목욕을 시키고 같이 놀아줄지를 생각
하기 시작했다.

　　동생의 성별을 미리 알게 되면 부모는 아이에게 갑자기 닥칠 시
련에 대비할 시간을 벌 수 있다. 우리는 에비에게 남동생이 생겨서 좋
은 점이 무엇인지 수시로 물어보았다. 에비는 줄곧 남동생이 생겨서 좋
은 점을 찾아냈다. 첫 번째는 만화에 나오는 돼지 페파피그도 남동생이
있다는 것, 또 에비가 우상처럼 떠받드는 사촌 언니 마니에게도 남동생
이 있다는 사실까지 좋은 이유가 되었다. 가장 결정적인 것은 남동생은
자신의 분홍색 공주 장난감들을 다 빼앗아가지 않을 것 같다는 것이었
다. 채 2주도 지나지 않아 에비는 우리만큼이나 들뜬 마음으로 아기를
기다리게 되었다.

● 동생과의 첫 대면을
철저하게 준비하라

부모가 어떤 선택을 하든, 동생의 성별이 무엇이든 간에 그 첫 만남을 제대로 준비하는 게 가장 중요하다. 부모가 아이를 기다리고 준비하는 만큼 큰애에게도 동생을 기다리고 준비할 시간과 기대를 주는 건 당연한 일이다. 임신 기간 내내 평소 같지 않은 몸과 마음 때문에 엄마는 큰 아이가 동생을 어떻게 맞이할지 가르쳐주기 보다는 자신을 추스르기에 급급할 수 있다. 하지만 그 기간의 고통과 설렘을 큰아이와 함께 나눈다면 큰아이에게 동생은 특별한 존재로 다가갈 수 있다.

반대로 부모들끼리만 둘째를 준비하다 보면 소외감을 느끼게 되고 큰아이에게 동생은 자신의 사랑과 행복을 나누어야 할 두려운 존재가 되어버린다. 막상 태어난 두려운 대상이 자신보다 약하고 작은 존재라는 걸 알게 되면 큰아이가 동생을 가만히 내버려 둘 턱이 없다. 아이

는 아이 나름대로 응징에 들어가고 두 아이를 동시에 키워야 할 부모는
형제전쟁의 광풍 속에 깃발을 들고 중립을 유지해야 할 판이 되는 것이
다. 부모 못지않게 준비하고 기대를 품어야 할 사람은 큰아이라고 할
수 있다. 아이와 동생의 첫 대면을 준비하는 요령 몇 가지를 소개한다.

동생과의 첫 대면 준비 요령

● 아이에게 엄마 배를 만져보고 뽀뽀도 하고 뱃속 아기에게 말을 걸
  어보라고 하자. 아기 용품을 장만하는 쇼핑에도 큰아이를 데리고
  가 함께 골라보고 네가 어릴 때도 이런 걸 썼다고 알려주어 동질감
  내지는 유대감 같은 것을 미리 갖고 있게 해보자.

● 아이가 현실에 적응할 준비도 필요하다. 이제까지 엄마가 너를 안
  아주고 사랑해 준 만큼 동생도 그렇게 해주어야 한다고 말해주자.
  엄마가 아기를 많이 안아주고, 업고 다니고, 아기가 울 때는 달래
  줘야 한다고 미리 알려주면 약간의 안심이 될 것이다.

● 아이와 대화를 나눌 때 '우리'와 '아기'라는 표현을 써서 아이를
  '우리'에 포함시키자. 예컨대 "우리가 아기에게 웃는 법을 가르쳐
  주자." 혹은 "우리가 안아주면 아기가 정말 좋아할 거야."라고 말하
  자. 그러면 아이는 일종의 연대의식을 느끼고 부모와 더 가까워지
  는 기분이 된다.

● 아이에게 "네가 아기였을 때"를 부모가 기억하고 있다고 말해주고, 그것이 얼마나 특별한 일이었는지도 알려주자. 아이의 아기 때 사진첩을 같이 보면 좋다. 우리는 에비의 초음파 사진까지 꺼내서 동생의 사진과 비교해 보기도 했다. 아이에게 아주 어렸을 때의 자기 사진을 보여주면 동생이 자라는 과정을 미리 짐작해 볼 수 있어서 좋다.

● 큰아이가 동생을 보러 병원에 처음 오는 날 갓 태어난 동생이 아이에게 보내는 선물을 준비해서 주자. 어느 정도 큰 아이들은 '동생이 주는 선물'이라는 말을 곧이곧대로 받아들이지 않겠지만 그래도 선물은 있어야 한다.

● 어느 정도 큰 아이라면 동생을 맞이하는 일에 적극적으로 참여할 수도 있다. 에비의 사촌 마니는 동생 프레디가 태어났을 때 여섯 살이었는데, 12주 초음파사진을 찍을 때 화면을 함께 들여다보았고, 병원에서 아기의 심장박동도 들었다.

● 아기를 집으로 처음 데려오는 날에는 아빠가 아기를 안고 들어가자. 엄마는 며칠이라도 떨어져 지낸 큰아이를 반드시 보자마자 안아주어 안심시켜야 한다.

● 집에서 아기를 낳는 일에 거부감이 없다면(통계에 의하면 병원에서 낳는 것과 똑같이 안전하다) 그것이 큰아이에게는 최선의 선택이다.

엄마가 자기를 집에 두고 멀리 가버리지 않으니까. 큰아이도 분만 과정의 일부라는 사실을 잊지 말자.

● 아기 선물을 가지고 찾아오는 손님들이 많을 것이다. 사려 깊은 사람들이나 경험이 많은 부모들은 큰아이에게 줄 작은 선물도 함께 가져오겠지만, 만약에 대비해 값싼 장난감을 미리 사서 숨겨놓자. 그래야 엄마가 아기 선물을 뜯어보는 동안 아이가 소외되지 않는다.

● 아기의 탄생을 다 같이 축하하는 자리를 만들자. 케이크, 아이스크림, 파티용품 등을 미리 사두면 요긴하게 쓸 수 있다.

큰애에게 어떻게 대했는지 부모들의 조언을 들어보자.

헤더(4세), 머레이(1세)의 엄마 캐롤라인
"헤더에게 누나 될 준비를 시키기 위해서 일찍부터 아기가 오고 있다고 이야기하고, 엄마 배가 계속 커진다는 농담도 했어요. 헤더가 제 배에다 대고 말을 하면 우리 부부가 웃기는 목소리로 대답을 했는데, 머레이가 태어나고 나서도 계속 그렇게 했어요. 헤더는 머레이의 방을 꾸미고 장난감을 꺼내놓는 일을 거들었어요. 우리는 아기 옷도 헤더와 함께 골랐어요. 그리고 동생이 태어나기 전까지는 아기용품들을 마음대로 가지고 놀아도 좋다고 했죠. 예전에 헤더가 쓰던 유모차, 아기띠, 딸랑이, 아기바구니 같은 물건도 있었고, 새로 산 아기용품도 있었어요. 헤더는 인형들을 자기 아기라고 하면서 바구니에 넣었다 유모차에 앉혔다 하면서 놀았죠. 우리에게는 다행한 일이었어요. 그 아기용품들이 우리에게 필요해질 무렵이 되자 헤더는 싫증을 냈거든요. 우리는 아기가 많이 울 거라는 말도 미리 했는데 정말로 이 녀석이 줄기차게 울었어요. 우리는 머레이가 오고 나서부터 헤더에게도 똑같이 말을 걸었답니다. '머레이가 어젯밤에 많이 울지 않았니? 잠을 설치지는 않았니?' 라든가 '머레이 울음소리가 정말 우렁차지? TV 소리가 잘 안 들려서 어쩌니' 라는 식으로 말을 걸어주면 헤더가 정말 고마워하는 것 같았어요."

● 의식적으로
큰아이를
더 배려하라

아기가 집에 오는 순간부터 부모는 겁이 덜컥 난다. 손이 두 개 밖에 없는 부모 한 명이 둘 이상의 아이들을 어떻게 돌본단 말인가? 하지만 실제로는 그게 문제가 되는 경우는 많지 않다. 큰애가 무엇을 필요로 하면 엄마는 그저 하던 일을 멈추고 화장실에 데려 가거나, 물을 주거나, 장난감을 주거나 하면 된다. 사실 갓난쟁이는 너무 어려서 무슨 일이 벌어지고 있는지 알지도 못하지 않은가.

둘 이상의 아이에게 관심을 나눠주는 요령

● 아기 돌보는 일을 큰애와 같이 한다. 어떤 아이들은 '엄마 도우미' 노릇을 정말 즐거워한다. 부모가 지켜보는 가운데 큰아이에게 아

기를 안고 있거나, 씻기거나, 기저귀를 가는 일을 맡겨보자. 이런 작은 심부름을 시키고 난 뒤 꼬박꼬박 칭찬을 해주면 효과가 정말 크다.

● 부모가 안심할 수 있는 독창적인 방법을 찾아보자.

● 부모가 아기를 팔에 안고 바닥에 앉아서 보내는 시간을 최대한 늘리자. 아기띠를 이용하면 팔이 자유로워져서 좋다. 나중에 아기가 크면 아기 의자나 담요 위에 앉혀놓고 부모가 손위 형제와 노는 모습을 보여주자.

● 동생을 향한 아이의 질투 섞인 '관심' 을 조심해야 한다.

● 아빠나 할아버지, 할머니가 의식적으로 큰아이에게 관심을 더 가져주고 재미있는 놀이와 여행을 같이 해주면 좋다. 아이는 엄마의 관심을 아기에게 빼앗긴 만큼 다른 가족과 '특별한' 시간을 더 많이 보낼 자격이 있다.

● 매시에 현명하게 행동하자. 큰아이가 듣는 데서 어떤 사람이 갓난아기에 대해 칭찬을 늘어놓는다면 "맞아요, 이제 우리는 정말 예쁜 아이가 둘이에요."라고 대답해야 한다.

● 동생이 생긴다고 무척 기뻐했던 아이에게도 퇴행현상이 나타날 수

있다. 퇴행현상은 큰아이가 아기와 영원히 함께 살아야 한다는 사실을 깨달았을 때, 혹은 아기가 기어 다니면서 장난감에 손을 대기 시작했을 때 흔히 일어난다. 큰아이가 갑자기 고무젖꼭지와 기저귀를 찾거나, 오줌을 싸거나, 밥을 먹여달라고 하거나, 아기 침대에서 자려고 하거나, 아기 목소리로 말하려고 해도 너무 놀라지 말자. 어떤 엄마는 운 나쁘게도 문화센터 수업에 참석한 날 이런 일을 겪었다고 한다. 엄마가 아기에게 젖을 물리려 하자 큰아이가 사람들이 다 보는 앞에서 강의실 바닥에다 대소변을 보았던 것이다. 그 엄마는 두 아이를 교실에 버려두고 문화센터를 빠져나가면서 "누가 애들 좀 데려가세요! 둘 다 데려가세요!"라고 울부짖었다. 그리고 그날 이후로는 민망해서 문화센터에 발걸음을 하지 못했다고 한다.

● 모든 걸 '아기' 탓으로 돌리지 말자. "조용히 해, 아기가 자고 있잖아", "네가 아기를 울렸잖니"라는 식으로 말하기보다는 "우리 잠깐만 속삭이는 소리로 이야기하자", "아기가 다시 웃게 하려면 어떻게 해야 할까?"라고 말하자.

● 가능하다면 하루를 시작하는 아침 시간에 큰아이와 함께 '특별한 시간'을 보내자. 잠시 시간을 내서 아이를 껴안아주고 이야기를 들어주기만 해도 된다. 그러면 아이는 새로 생긴 동생에 대한 나쁜 감정을 털어버리고 남은 하루를 긍정적으로 보낼 것이다.

다음은 걱정을 떨쳐낸 부모들의 경험담이다.

리암(4세), 키란(1세)의 엄마 닉

"제가 리암과 키란을 데리고 혼자 있게 되자 매일 아침 화장실을 가야 하는데 아이들만 두고 가자니 너무나 신경이 쓰이는 거예요. 그렇다고 키란을 데리고 화장실에 가는 건 너무 번거로울 것 같았어요. 그래서 아침식사 시간이 되면 리암이 좋아하는 시리얼을 그릇에 가득 채워주었답니다. 숟가락이 그릇에 부딪히는 소리가 들리는 동안은 키란의 안전을 확신할 수 있었죠."

몰리(4세), 데이지(1세)의 엄마 제스

"우린 잠깐이라도 방을 비우게 되면 데이지를 아기바구니에 넣거나 아기 놀이틀 안에 있는 아기 의자에 놓고 나갔어요. 그렇게 하면 호기심이 왕성한 몰리가 아기를 볼 수는 있지만 손이 닿지는 않으니까 불상사가 일어날 우려가 없거든요."

조슈아(8세), 아서(5세), 메이벨(3세)의 아빠 폴

"우리는 퇴행현상을 크게 의식하지 않으려고 노력했습니다. 메이벨이 태어났을 때 아서는 두 돌이 지나서 기저귀를 뗀 상태였는데, 모든 게 엉망이 돼 버렸죠. 아서는 다시 아기가 되고 싶다고 말하곤 했습니다. 하지만 아기가 되면 세발자전거도 못 타고 제일 좋아하는 바나나 샌드위치도 못 먹는다고 일러주었더니 바로 마음을 고쳐먹더군요."

아이들 문제는 아이들끼리 해결하게 하라

　　새로운 동생을 맞이하는 단계가 그럭저럭 끝나면 더욱 어려운 일이 기다리고 있다. 새롭고 신기한 느낌은 이제 사라졌고, 부모는 일생을 두고 평화협상에 머리를 싸매야 한다. 아이들은 보통 자기 여가시간의 3분의 1가량을 형제자매와 함께 보낸다. 이렇게 가까운 사이인 만큼 문제가 생길 수밖에 없다.

　　형제간의 다툼을 진정시키려면 영리하고 세심하게 접근할 필요가 있다. 우리의 목표는 다음과 같다. 첫째, 아이들이 서로에게 보여주는 애정이나 호의가 부모가 시킨 게 아니라 자발적인 의지에 의한 거라고 생각하게 만들기. 둘째, 부모는 아이들 사이의 긴장된 분위기를 전혀 느끼지 못했다고 생각하게 만들기.

사이 좋은 형제자매로 키우기 위한 몇가지 요령

● 사소한 일에 스트레스를 받지 말자. 아이들 사이에 문제가 있으면
  노련한 중재자가 되자.

● 한 아이의 편을 들거나, 무슨 일인지 말해보라고 하지 말자. 다툼
  이 벌어지면 누가 시작했든 간에 아이들을 각자의 방으로 보내자.
  누가 잘못했는지 명확하게 알고 있어도 모르는 척 하는 게 요령이
  다.

● 장난감의 '타임아웃' 공간을 만들어라. 어떤 집에서는 부엌 찬장
  맨 위 칸을 장난감 '감옥'으로 쓴다고 한다. 아이들이 작은 싸움을
  벌이면 장난감을 감옥에 보내고, 대판 싸움을 벌이면 장난감을 아
  예 창고에 넣어버린다.

● 서로에게 따뜻하게 대하는 법을 가르치자. 예컨대 한 아이가 무릎
  이 까지는 상처를 입었다면 다른 아이에게 간호를 도우라고 하자.
  부모가 상처에 약을 발라주는 동안 다리를 잡아달라고 부탁하면
  된다. 이런 일이 있으면 아이들이 서로를 대하는 태도가 다소 누그
  러지고 짓궂은 놀림도 줄어든다.

● 큰아이가 동생에게 자기가 잘 하는 걸 가르쳐주게 하자. 예컨대 큰
  아이가 축구를 좋아하면 동생에게 공을 차는 법을 가르치게 하자.

조슈아(8세), 아서(5세), 메이벨(3세)의 아빠 폴은 이제 아이들의
분쟁에서는 노련한 해결사가 다 되었다. 그는 장난감을 서로 차지하려
다 벌어지는 사소한 다툼은 아이들끼리 해결하게 놓아둔다. 그리고는

그저 한마디만 한다. "5분 안에 해결하지 않으면 장난감을 몽땅 창고에 넣어 버릴 거야." 폴 부부는 아이 중 한 명이 다른 아이를 때리거나, 욕을 하거나, 한 명을 따돌릴 때만 개입한다고 한다.

아이들을 '평등' 하게 대해야 한다는 상투적인 목표에 너무 구애받지 말자. 물론 아이들은 부모가 누구를 더 사랑하는지 끊임없이 점수를 매기고 시험한다. 부모는 아이들 모두를 사랑하고 무척 특별하게 여기고 있다는 확신을 주면 된다. 아이들의 진정한 바람은 형제들과 똑같이 대해주는 게 아니라 자기를 독자적인 인격체로 대해주는 것이다.

폴의 아내 멜라니는 세 아이가 애정을 확인할 때마다 아이들에게 햇살을 받으면서 자라는 꽃들과 같다고 말해준단다. 꽃이 많다고 해서 햇살을 적게 받는 게 아니라는 뜻이다.

형제간의 나이 차이와 성격과 환경에 따라 다르긴 하겠지만 우리의 아이들은 계속해서 치열한 경쟁을 벌일 것이다. 어릴 때 장난감을 놓고 경쟁하던 아이들이 학교에 가면 성적과 친구관계를 가지고 경쟁할 것이다. 아마 어른이 되어서도 은근한 경쟁이 벌어질 것이다. 따라서 부모는 장기적인 시야를 가지고 차분하게 대응하면서 에너지를 아껴두어야 한다. 언젠가 형제자매가 제일 좋은 친구가 되리라는 사실을 어릴 때부터 아이들에게 가르치자. 다른 친구들은 멀어졌다 가까워졌다 할 수 있지만, 형제는 서로 개성이 다르더라도 영원히 형제니까.

형제자매간의 다툼을 해결할 때 중요한 것은
'둘 다 잘못했다'가 되지 않도록 하는 것이다.
반대로 '어느 쪽도 잘못한 것은 아니다'고 말하면
양자 모두 쉽게 납득하게 된다. 싸움이 발생하면
먼저 일단 분이 가득한 아이들에게 각자
억울한 것을 말하게 하는 것이 좋다. 아이들은
그것만으로도 불만을 크게 누그러뜨리게 되고,
자신도 부모의 설명을 듣는 태도를 갖춰나가게 된다.

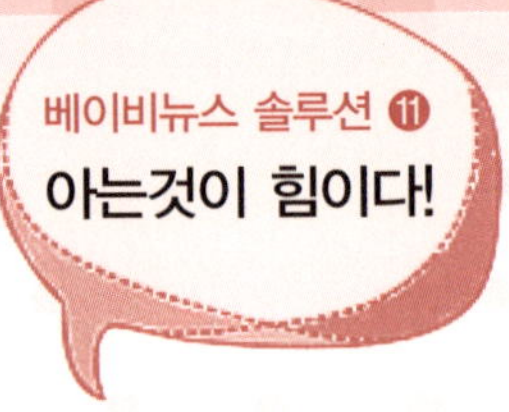

"형제간 다툼, 부모가 판정하지 마라"
각자 이야기 들어주고 스스로 해결하도록 유도

형제간이든, 자매간이든, 혹은 남매간이든 엄마 아빠의 사랑을 더 차지하기 위한 아이들간 쟁탈전은 어느 가정에서나 흔히 볼 수 있다. 수시로 누구를 더 좋아하느냐는 질문을 하기도 한다. 형제 간 질투와 시샘으로 인해 토라지거나 시무룩해지는 경우, 과연 부모는 어떻게 대처해야 할까?

국민대 교육대학원 허영림 교수는 싸움을 중재하려 하지 말고 무시하되, 무시하는 데에도 방법이 있으니 주의해야 한다고 조언했다. 허 교수는 "아이들 간 싸움을 엄마가 판정하지 말고 각자의 이야기를 열심히 들어주면 95%는 아이들 스스로 해결해 낼 수 있다"고 말했다. 대부분의 아동들은 동생에게 상당한 흥미와 애정을 보인다. 하지만 문제는 엄마가 동생에게 젖을 먹이려고 앉고 있거나 동생과 스킨십을 자주 하는 모습 등을 보면서 질투하고 동생에게 해코지하려 한다는 데 있다.

허 교수에 따르면 첫째 아이들은 동생의 출생으로 부모의 사랑이 부족하게 될 때 동생을 '침입자'로 생각하게 되고 일시적으로 혼란을 경험하게 된다. 이는 너무나도 자연스런 성장과정으로 어려서 많이 싸운 형제들이 자라서 친사회적인 성향을 더 나타낸다는 보고도 있다.

싸움이 발생하면 먼저 일단 분이 가득한 아이들에게 각자 억울한 것을 말하게 하는 것이 좋다. 순서는 큰 아이부터 말하게 하고, 이때 잘 듣는 엄마의 태도가 매우 중요하다. 큰 아이가 얘기할 때 절대 엄마가 판단하려 들지 말고 아이가 속상하다는 걸 이해한다는 마음으로 진지하게 잘 듣는다. 예를 들어 "형인데 그만한 일로 동생 머리를 때리면 어떡해"라든지 "형이 돼서 그 정도도 동생에게 못 베푸니 한심하다"라고 말한다면 아이들은 내 얘기

를 엄마가 동조하지 않고 있다고 생각하면서 더 이상 말을 하지 않을 수 있다.

큰 아이의 말이 끝나면 바로 작은 아이에게 묻는다. 같은 방법으로 진지하게 들어준다. 이때도 "너는 동생이 돼 가지고 형한테 그렇게 하면 형이 화나잖니"라든가 "듣고 보니 네가 잘못 했네. 형에게 맞아도 싸다"라는 식의 판정을 내리는 말을 하면 안 된다.
누가 잘하고 잘못했는지 안다고 해도 엄마는 판정만 내리지 말고, 이 시점에서 이렇게 말하는 것이 좋다. "엄마가 들으니 형도 속이 많이 상했구나… 마찬가지로 동생도 많이 억울하겠네. 그런데 어쩌지, 엄마는 누가 더 잘 못했는지 모르겠는데…"하면서 "둘이서 방에 가서 좀 생각해 보고 정말 잘못한 사람이 미안해라고 하면 될 것 같아. 둘이 방에 가서 화해해"라고 하면 쉽게 해결을 볼 수 있다. 엄마가 판단해 잘못을 가리기 보다는 아이들끼리 스스로 해결방법을 연구하게 하는 것이다.

강압적인 말투를 쓰거나 쉽게 손이 나가는 부모 밑의 아이는 자신도 그렇게 되기 쉽고, 당연히 다툼이나 싸움이 일어나기 쉬운 것이다. 반대로 생각하면, 아이가 무엇을 하든 웃어주는 부모 밑에서 자란 아이는 스트레스가 잘 쌓이지 않고, 형제간의 무슨 일이 일어나도 서로 관대한 마음을 갖기 쉬워진다.
싸움이 일어날 때는 모두 나름의 이유가 있고, 항상 자신이 옳다고 생각하기 마련이다. 차분히 들어주지는 못하는 상황에서라도, 일단 양쪽의 이야기를 다 들어주는 것이 중요하다. 아이들은 그것만으로도 불만을 크게 누그러뜨리게 되고, 자신도 부모의 설명을 듣는 태도를 갖춰나가게 된다.

형제자매간의 다툼을 해결할 때 중요한 것은 '둘 다 잘못했다'가 되지 않도록 하는 것이다. 반대로 '어느 쪽도 잘못한 것은 아니다'고 말하면 양자 모두 쉽게 납득하게 된다.
위의 아이에게 '오빠/형이 그러면 안 돼', 아래의 아이에게 '그 정도 일로 시끄럽게 굴지마' 하고 둘 다 꾸짖어버리면 서로 '(엄마가) 너 때문에 화가 났잖아'라고 책임을 미루고, 다시 싸움이 시작되므로 조심해야 한다.

Part 12

조부모

최고의 조력자, 그들을 섬겨라

방해자일까?
조력자일까?

요즘 세상에서 가족의 개념을 명쾌하게 정의하기란 쉽지 않다. 가족의 형태와 크기가 엄청나게 다양해졌고 지금도 급격한 변화가 일어나는 중이다. 친척들이 가까운 거리에 옹기종기 모여 살면서 항상 서로를 도와주고 조언해 주며 연관성을 갖는 경우는 이제 흔치 않다.

이에 맞춰 조부모의 모습도 실로 다양해졌다. 웹캠으로 대륙 너머의 손자들과 대화를 나누는 할아버지가 있는가 하면, 자녀가 일을 하는 동안 손자들을 맡아 키워주는 할머니도 있다. 물론 그 중간 범위에 속하는 조부모도 많다.

우리의 부모는 우리가 가장 사랑하는 사람들이고 우리 아이들과 가장 가깝게 지내야 할 사람들이다. 그런데도 때로는 부모와 원만한 관계를 유지하기가 힘들어서 한숨이 절로 나올 때가 많다.

만약 우리가 세상의 모든 할아버지, 할머니에 관한 사용설명서를 받아본다면 아마도 다음과 같은 세 가지 유형으로 크게 구분되지 않을까 싶다.

- 전통적인 조부모 : 주말마다 방문해서 식사를 함께하는 정도.
- 아이를 봐주는 조부모 : 아이들에게 거의 부모 역할을 한다.
- 소극적인 조부모 : 기저귀 근처에도 가지 않으려 하고, 15세 이하의 아이가 있는 곳에 가느니 차라리 물고문을 받겠다는 조부모.

여기에다 엄마 쪽의 조부모인가, 아빠 쪽의 조부모인가에 따라서도 차이가 생긴다. '우리 쪽' 조부모라면 오래 전부터 있었던 가족 내부의 문제, 고리타분한 생각, 가족끼리의 언쟁이 문제가 될 수 있다. 배우자 쪽의 조부모라면 성격차이, 질시, 노골적인 비난 따위가 문제가 될 수 있다. 한마디로 조부모와의 관계는 세대 간의 싸움을 일으킬 수 있는 민감한 부분들이 부글부글 끓고 있는 용광로라 해도 과언이 아니다.

다행히도 다수의 조부모는 첫 번째 유형(기분 좋게 방문해서 가끔 식사를 같이 하는 유형)에 속할 것으로 짐작된다. 하지만 어떤 부모들은 극단적인 유형의 조부모 때문에 이순간에도 골머리를 앓고 있을지도 모른다.

● 재미있는 할머니 할아버지가 되도록 기회를 만들자

나의 시어머니 크리스틴 이야기를 잠시 하겠다. 크리스틴은 동서 맥신이 직장생활을 하는 동안 맥신의 아이들(마니와 프레디)을 돌봐주었다. 크리스틴은 어떤 일이든 적극적으로 관여하는 할머니라 할 수 있다. 크리스틴 같은 시부모가 아이를 돌봐주는 상황이라면 엄마와 아빠는 좀더 머리를 써서 지혜롭고 영리하게 행동할 필요가 있다. 예를 들자면, 때때로 아이들이 엄마나 아빠보다 할머니를 더 좋아하는 것처럼 보이더라도 그냥 웃어넘길 줄 알아야 한다는 것이다.

크리스틴은 자신이 맡은 역할에 대해 흡족한 말을 한다.

"맥신의 좋은 점은 나를 완전히 믿고 있다는 거야. 자기가 있을 때 내가 참견을 해도 싫어하지 않거든. 하루는 프레디가 엄마를 문밖으로 밀어내면서 '엄마는 안 돼'라고 말했어. 그 시간은 원래 애들이 유치원에 갔다 온 뒤 나랑 같이 노는 시간이었거든. 맥신은 기분 나쁜 기색 없이 그저 깔깔 웃으면서 편지함을 확인하러 가더구나. 맥신은 나와 아이들이 친하게 지내는 걸 아주 좋아해." 이건 전적으로 맥신의 훌륭한 처세 덕분이라는 생각이든다.

나는 할아버지 할머니를 단지 돌봐주는 사람이 아닌 '재미있는 할머니'와 '재미있는 할아버지'로 만들어줄 필요가 있다고 생각한다. 말하자면 이렇다. 시부모가 아이를 돌보기 시작하면 아이는 친할아버지 친할머니보다 가끔 만나는 외할아버지 외할머니를 더 좋아하기가 쉽다. 오랜만에 만나 맛난 음식과 재미있는 이야기로 흥미를 주면 아이들은 자연스럽게 그쪽에 끌리게 된다. 그럼 친할아버지 할머니는 서운해진다. 급기야는 이제까지 돌봐온 것에 대한 회의도 든다.

이 경우 많은 부모들이 조부모의 도움이 단절되는 것을 경험했다고 한다. "그렇게 잘 따르니 네 친정 엄마에게 맡기거라." 이 한마디면 엄마는 아이를 안고 돌아서야 한다. 이런 일이 생기지 않도록 할아버지와 할머니의 미션이 무엇인지 평소에 자주 인지를 시켜줘야 한다. 단순한 대리양육자가 아닌 진짜 할아버지 할머니 노릇을 하도록 만들어야 하는 것이다. 또 아이들이 재미있는 할아버지 할머니로 느끼고 따르게 하려면 경제적 · 시간적인 노력이 필요하다. 가끔 아이들과 함께 전시회장에 간다든지 공연을 보러 간다든지 하는 특별한 시간을 가지도록 배려하는 건 좋은 예가 될 것이다.

내 친구 바바라의 아이들인 케이트와 빅토리아는 이제 다 컸지만 조부모와 아주 가깝게 지내고 있다. 바바라가 어린 아이들을 키우면서 공부를 하는 동안 조부모가 옆에서 꼭 필요한 도움을 주었기 때문이다.

케이트와 빅토리아의 엄마 바바라는 "아이들과 할머니, 할아버지의 사이가 정말 끈끈해서 저도 참 좋습니다. 그런데 아이들 훈육과 같은 문제에 대한 생각이 다르면 조금 힘들어질 거예요. 한쪽에서는 아이들을 충분히 사랑해주면 훈육할 필요가 없다고 생각하는데 다른 한쪽에서는 엄격하게 훈육해야 한다고 생각한다면, 결국에는 뒤죽박죽이 되고 말죠. 아이들도 어느 장단에 맞춰야 할지 몰라서 혼란스러울 거예요. 이럴 때는 부모가 확고한 신념을 가지고 용기 있게 대처해야 합니다. 그래도 '아이들 양육에 관한 문제는 저에게 맡기고 빨래와 상차림, 기저귀 개는 일만 도와주실 수 없나요?' 라고 말하기는 어렵죠. 부모님의 도움이 절실한데다 늘 고맙게 생각하고 있으니까요."

할아버지, 할머니가 아이들과 너무 가깝게 지내서 규칙을 엄격하게 적용하기 어렵다면 '부모는 훈육, 조부모는 받아주기' 작전을 써볼 수도 있다. 그러나 조부모의 응석 받아주기가 문제일 경우에는 어떻게 해야 할까? 아이들이 할머니 집에 갈 때마다 단 것을 왕창 먹고 근처 장난감 가게에서 파는 물건을 다 짊어지고 온다면?

다니엘(10세), 톰(7세), 로니(5세) 세 아이의 아빠인 마크는 규칙을 지키지 않으면 아이들을 보내지 않겠다고 장모님께 말씀드렸다. 그리고 아이들과 시간을 보내고 싶어하는 외할머니는 규칙을 존중하는 편이다. 이들은 아이들의 응석을 받아주더라도 장난감이나 사탕을 사 주기보다는 나들이를 가는 쪽으로 규칙을 정했다.

아이들을 대하는 데 있어서 부모의 역할과 열성적인 조부모의 역할을 분명히 구분하고 싶다면, 부모는 해주기 어렵지만 조부모는 쉽게 해줄 만한 일을 찾아보자. 혹시 부모는 정원 가꾸기를 싫어하지만 조부모는 좋아하는가? 그렇다면 아이들을 데리고 가서 조부모와 함께 텃밭을 일구거나 해바라기를 가꾸게 하자.

혹시 할머니가 빵 굽기를 좋아하는데 엄마의 요리책은 몇 년째 어딘가에 처박혀 있는가? 그렇다면 딸아이가 학교 축제에 가져갈 예쁜 케이크를 만들어달라고 부탁하자. 빵집에서 사온 케이크를 집에서 만든 것처럼 보이게 하려고 밤을 꼬박 새면서 아이싱(icing)으로 장식하지 않아도 되니 일석이조가 아닌가.

● 어른들을
변화시키려고
다투지 말자

캐롤라인은 어머니와 한 동네에 살고 있다. 아버지는 암으로 돌아가셨다. 캐롤라인이 상상했던 할머니는 항상 전형적인 모습이었다. 그녀는 장미꽃이 만발한 작은 시골집에서 빵을 굽고, 옛날이야기를 들려주고, 잼을 만들어주는 할머니를 기대했다. 물론 현실은 그렇지 않았다.

캐롤라인의 어머니는 6세 이하의 어린 아이들이 싫다고 공공연히 말한다. 그래서 가까운 곳에 살면서도 머레이가 돌이 될 때까지 10번 정도밖에 만나지 않았다. 혼자서는 절대 아이를 보지 않으려 하고, 저녁 시간에도 싫다고 하고, 그 밖에도 여러가지 이유로 아이를 봐주지 않았다.

캐롤라인의 아들 머레이가 생후 5개월이었을 무렵 작은 사고가 일어났다. 머레이의 누나 헤더의 머리 위로 무언가 떨어지는 바람에 캐롤라인이 헤더를 데리고 병원에 가야 했다. 하지만 캐롤라인의 어머니는 아직 자리에서 일어나지 않았다면서(오전 10시였는데!) 머레이를 봐주러 갈 수가 없다고 말했다. 더 이상 말이 필요 없다. 그냥 원래 그런 분이다.

머레이의 출산예정일이 일주일 지나서 캐롤라인이 병원에 검사를 받으러 갈 때도 캐롤라인의 친정어머니는 헤더를 봐주러 오지 않았다. "미리 준비를 해놓지 그랬니?"라면서 전날밤에 녹화해둔 TV 프로그램을 봐야 한다고 말했을 뿐. 결국 캐롤라인은 헤더를 옆집에 맡기고 혼자 차를 몰고 병원에 가서 아기를 낳았다.

캐롤라인의 시어머니는 한결 적극적으로 조부모 역할을 해준다. 배변훈련은 돌 이전에 끝내야 하고, 아기들에게 차를 한 모금 먹이면 좋고, 엉덩이를 때려서 버릇을 가르쳐야 한다는 등의 몇 가지 원칙을 강력하게 주장하긴 하지만, 캐롤라인의 시부모는 헤더와 머레이에게 적잖은 시간을 내준다. 아이들과 함께 빵을 굽기도 하고, 퍼즐을 몇 번이나 다시 맞춰주고, 정원에서 술래잡기 놀이도 한다. 하지만 시부모도 조금은 초조해하는 눈치다. 주변 친구들이 손자, 손녀를 일주일에 며칠씩 봐주면서 자기 삶을 제대로 즐기지 못하는 모습을 보고 있기 때문이다. 행여나 캐롤라인이 직장에 복귀한다고 말할까봐 걱정일 것이다.

이런 저런 일을 다 겪고 있는 캐롤라인은 조부모의 도움에 대해서 이런 조언을 한다.

"현재의 상황에 만족하면서 생활하세요. 여러 가지 어려움이 있긴 해도 헤더는 외할머니 생각을 많이 해요. 그래서 저도 부정적인 생각을 떨쳐버리고 언젠가 좋은 일이 있을 거라는 믿음을 가지려고 노력한답니다. 그리고 할머니, 할아버지들을 변화시키려고 하지 마세요. 저희 어머니는 기저귀는 절대로 갈지 않겠다고 말씀하셨고 실제로도 하지 않으신답니다. 적어도 말과 행동이 일치하긴 하죠. 어른들을 변화시킨다는 건 불가능에 가까워요. 굳이 언쟁을 벌일 가치가 없을 때도 많고요. 무심한 조부모님들도 언젠가는 아이들이 좋아할 만한 일을 해주시지 않을까요?"

아이와 함께 놀아주는 것에 감사하라

세상에는 개성이 뚜렷한 조부모도 있고, 원만하고 무난한 조부모도 있다.

할머니, 할아버지와 좋은 관계를 유지하기 위한 요령

● 육아의 기본 원칙을 정하자. 부모가 중요하게 생각하는 원칙들은 아이들의 할머니, 할아버지에게도 알려야 한다.

● 사사건건 다투지 말자. 할머니, 할아버지가 우리의 원칙을 곧이곧대로 따르면서 아이들을 봐줄 거라는 기대는 금물이다. 큰 틀에서 원칙에 어긋나지만 않으면 된다.

- 몇 가지 원칙이 할머니 집에서 느슨해진다고 너무 걱정하지는 말
자. 아이들은 할머니, 할아버지와 함께 보내는 시간이 특별하다는
것을 알기 때문에 집에 돌아와서도 똑같이 하려 들지는 않는다.

- 아이들 앞에서 양육 문제를 가지고 다투지 말자. 나중에 이야기하
면 된다.

- 아이들의 조부모가 우리를 비난해도 너무 화를 내지 말자. 육아법
은 세대마다 달라진다. 세월이 흘러도 변하지 않는 요소인 사랑,
보살핌 따위에 초점을 맞추자.

- 아이들에게 할머니, 할아버지도 '온전한' 사람이라는 점을 알려주
어야 한다. 옛날 사진을 꺼내달라고 해서 조부모가 젊었을 때의 모
습을 아이들에게 보여주자.

할머니, 할아버지가 아이들에게 줄 수 있는 최고의 선물은 시간
이다. 조부모가 얼마나 부자인지, 정원을 얼마나 멋지게 가꾸는지, 얼
마나 구시대적인 사고를 하는지는 중요하지 않다. 조부모가 아이들과
함께 하는 시간이야말로 더없이 소중한 것이다. 에비의 외할머니는 아
주 단순한 일을 할 때가 가장 즐겁다고 말한다.

"해변에서 아이들과 함께 조개껍질을 주울 때, 정원에서 보물찾
기를 할 때, 아이들이 내게 수다를 떨기 시작할 때. 그럴 때 기분이 최

고란다. 조건 없이 사랑해 주고, 셀 수 없이 많은 시간을 함께 보내고, 가끔은 아이들과 작은 비밀을 공유하는 거야. 마법의 열쇠가 따로 없지!"

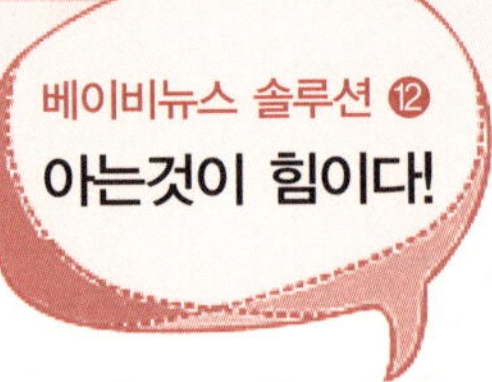

할머니와 엄마의 양육갈등 해소법
"양육의 기본원칙은 엄마의 원칙 따라야"

맞벌이 부부가 늘면서 할머니 혹은 할아버지가 손주를 양육하는 '황혼육아'가 대세다. 육아휴직이 확대됐다고 하지만 마음 놓고 육아휴직을 사용할 수 없는 현실이라서 많은 할머니들이 자의든, 타의든 손주의 양육을 책임지고 있다.

하지만 손주 양육을 둘러싸고 조부모와 부모의 갈등이 발생하는 사례가 적지 않다. 노후를 즐기고 싶은 할머니 할아버지들은 정신적·육체적 스트레스로 속앓이를 하고, 딸이나 며느리들은 '아이를 잘 좀 돌봐주시지'라는 기대와 서운함을 갖는 것이다. 이러한 가운데 자녀 양육을 둘러싼 조부모–부모의 갈등을 해소하고 올바른 관계를 유지하도록 돕는 자리가 마련돼 눈길을 끌었다.

가족학박사인 전춘애 강사는 "며느리나 딸들은 어머니가 아이를 봐주는 게 굉장히 힘들다는 걸 알아야 한다. 할머니는 정성을 다해 아이를 돌봤는데 '이거 하나 깨끗하게 못하느냐'고 하면 굉장히 서운한 일"이라며 "결국 조부모, 부모 모두 손자손녀를 돌보고 맡기는 것에 대해 회의를 느끼고 서로에 대한 신뢰감이 무너져 관계가 나빠질 수 있다"고 말했다.

아이의 양육문제에서 조부모, 부모 각자의 입장만 생각하고 상대 입장을 생각하지 않으면 갈등은 심화될 수밖에 없다. 전 강사는 "할머니는 일단 아이를 봐주기로 했으니 즐겁게 봐 줘라. 그리고 엄마가 돌아오면 양육에서 빠져줘야 한다"며 "부모는 할머니가 절대 자식을 키울 연세가 아님을 기억하고 자녀 양육에 대한 사례도 해야 한다"고 조언했다.

양육문제를 놓고 할머니와 엄마 사이에 대립이 생겼을 때는 어떻게 해야 할까? 전 강사는 "양육의 기본원칙은 엄마의 원칙을 따라야 한다"고 강조했다. 아이의 부모는 엄마이지, 할 머니가 아니다. 비록 신세대 양육방식이 버겁더라도 조부모들은 부모의 원칙과 방식을 인 정해줘야 한다는 것이다.

양육의 기본원칙과 역할을 미리 합의해 문제를 방지하는 것도 중요하다. 전 강사는 "'엄마 는 안 되고 할머니는 된다'는 건 아이들에게 혼란감을 줄 수 있으니 미리 양육의 합의를 보고, 기본원칙은 엄마가 정해야 한다"고 말했다.

아기를 조부모가 맡아 키우기로 했다면 각 구청에서 실시하는 '조부모를 위한 육아교실' 을 신청해 보자. 육아 전문강사로부터 목욕시키기, 응급처치 등 육아에 필요한 다양한 요 령을 배울 수 있다.

Part **13**

공부

낱말 카드는 치워버리자

부모의 교육열은 임신한 날부터 시작된다

모든 부모는 자기 아이가 천재일 거라고 생각한다. 그리고 자기 아이가 프리미어리그 공격수가 되거나, 프리마 발레리나가 되거나, 노벨상을 받는 과학자가 되거나, 유명 시인이 되기를 꿈꾼다. 모든 부모는 자기가 아는 한 우리 아이만큼 영리한 아이는 없다고 확신한다. 추호의 의심도 없이.

부모로서 아이의 어떤 능력을 중요시하느냐는 각기 다르다. 남편과 나는 직업이 기자(말은 청산유수지만 수학적인 재능은 찾아보기 힘든 사람들!)여서 그런지 말하는 능력을 최우선으로 생각했다. 그래서 에비가 말을 일찍 배운 편이고, 어른들의 말을 잘 따라하고, 가끔은 당황스러울 만큼 또박또박 말한다는 사실을 알고는 정말로 기뻐했다. 두 돌이 조금 지난 에비가 "저 유리창이 투명해, 엄마"라고 말했을 때 우리는 우쭐해졌다. 한번은 내가 주차를 하는 동안에 뒷좌석에서 체념의 한숨과 함께 정확한 억양의 욕설이 들리는 바람에 굉장히 놀랐다. 아, 이건 부끄러운 일이다.

어떤 부모는 아이가 운동을 잘 하기를 바라고, 어떤 부모는 어린 아이에게 외국어를 가르치려 하고, 또 어떤 부모는 음악이나 미술 분야의 재능을 중시한다. 무엇이든 간에 부모는 자신이 갈망해 왔던 능력을 아이들이 보여주기를 원한다. 그래서 때로는 부모가 생각하는 '옳은' 방향으로 나아가게 하려고 어린 아이들에게 부담을 주고 만다.

부모의 교육열은 태어난 날부터 시작된다. 아니, 아이가 태어나기 7~8개월 전부터 시작된다. 세심한 예비 엄마아빠들은 '태아를 천재로 만드는 법', '뱃속의 아이와 대화하기', '태아에게 모차르트를' 과 같은 정보의 홍수에 휩쓸려 다닌다. 잡지와 책, CD와 DVD, 웹사이트에서는 모든 책임을 부모에게 돌리며 이렇게 이야기한다. 만약 아기가 태어났는데 동네에서 가장 영리하지 않다면 그것은 부모의 '잘못' 이라고.

에비를 임신했을 때 나는 상당한 금액을 주고 엄마 배에 부착하는 기계를 구입했다. 엄마가 태아의 심장박동 소리를 들을 수도 있고, 태아에게 음악을 들려줄 수도 있는 기계였다. 나중에 신생아가 콜릭 증상(영아산통)을 보이고 잠을 이루지 못할 때 뱃속에서 들었던 음악을 틀어주면 그걸 알아듣고 기적적으로 '안정' 을 찾는다고 했다. 하지만 나는 그 기계에서 심장박동 소리와 백색소음을 전혀 듣지 못했다. 게다가

꼬박 6개월 동안 잔잔하고 우아한 바흐 음악을 하루 두 차례씩 들려줬
는데도 별다른 소용이 없었다. 갓난아기 때 에비를 재우는 데 가장 효
과가 좋았던 음악은 바흐가 아니라 빌리 브랙(영국의 유명한 저항가수—옮
긴이)의 노래였으니까. 에비는 노래가 전투적일수록 잠을 잘 잤다.

아이가 태어나면 부모의 부담감은 눈덩이처럼 커진다. TV의 아
동발달 프로그램이나 최신유행 영아교육법에 관한 다큐멘터리를 보면
서 엄청난 죄책감에 시달린다. 첫 6개월 동안 아기의 눈앞에서 낱말 카
드를 바꿔 가며 보여주지도 않았고, 베이비 사인을 가르치지도 않았
고, 흑백 모빌을 달아서 적절한 자극을 주지도 않았다는 사실을 깨달
았기 때문이다.

아이가 걸음마를 하고 유치원에 다닐 나이가 되면 부모는 남에
게 뒤처질세라 아이에게 특별교습을 시키기로 한다. 그러고는 마치 토
너먼트 경기를 치르듯 아이를 각종 학원에 보낸다. 누구네 아이가 어린
이 발레교실에 다닌다고? 우리 아이가 배우는 바이올린이 더 낫지. 어
린이 테니스 교실? 5세 이하 아이들을 위한 외국어 중급반과는 비교도
안 되지. 에헴!

● 집안일만으로도
학습이 가능하다

그 모든 과외교습은 실제로 얼마나 효과가 있을까? 그렇게 학원에 많이 다니면 아이들이 유치원에서 돋보이고 인생에서 더 나은 출발선에 서게 되는 걸까? 무조건 많이 가르칠수록 좋은 걸까, 아니면 아이가 자라는 속도에 맞게 교육을 시켜도 똑같이 밝고 행복하게 자랄까?

대부분의 부모들은 '뭐든지 적절한 수준으로' 해야 한다는 데 동의하는 듯하다. 한두 가지 과외수업은 아이들에게 긍정적인 자극을 주고, 세상을 보는 눈을 넓혀주고, 새 친구를 사귀는 데도 도움이 될 것이다. 하지만 까다롭고 경쟁심에 불타는 부모가 '교육적'인 목표를 달성하기 위해 빡빡한 시간표를 강요하면 아이들은 일찍 지쳐버리고 심하면 정신과 의사의 상담을 받게 될 수도 있다. 그러면 부모가 압박을 가하지 않으면서 현명하게 아이를 가르치는 방법은 무엇일까?

에비의 외할머니는 항상 이렇게 말씀하셨다. 그리고 내가 에비를 키우는 동안은 엄마의 말씀을 내내 기억하게 될 것 같다.

"부모가 하는 모든 행동이 '교육'이 될 수 있단다. 어린 아이들에게는 상상력이 정말 중요하거든. 아이들의 마음속에는 놀라운 상상의 세계가 있어. 그 세계로 같이 들어가면 그곳에 있는 모든 것을 이용해서 아이를 가르칠 수 있지. 하지만 아이들과 발을 맞추는 게 중요하단다. 아이들이 매 순간 자연스럽게 배우는 걸 잘 보고, 아이들을 따라가면서 조금씩 앞으로 나아가도록 도와줘야 해."

얼마나 멋진 교육인가. 수학 교사를 집으로 모셔오거나 값비싼 교육 DVD를 구입하는 일이 중요한 게 아니다. 아이와 함께 충분한 시간을 보내면서 일상적인 교육이 이루어지도록 해야 한다.

집에서 내가 아이를 가르치는 요령을 몇 가지 더 소개하고자 한다. 이는 나처럼 하라는 뜻이 아니라 이런 식의 발상을 해냄으로써 얼마든지 유아기 때는 집에서 엄마가 교육하는 것이 가능하지 않나 하는 동의를 구하는 의미가 더 크다. 여기에 동의하지 않는 부모들은 돌 지나기도 전에 교사를 집으로 초빙해야 할 테지만 말이다. 대부분의 엄마들은 유아기의 중요성을 너무도 잘 알고 있기에 현명한 교육 방식을 택하리라 생각한다.

재미있는 생활 공부법

● **뭐든지 개수를 세는 연습을 하자.** 접시에 담긴 과자, 시리얼 조각, 선반 위의 그릇, 식탁 매트, 가로등, 계단, 문 등 생활 속의 모든 것을 세어보자. 아이들은 금방 빠져든다.

● **두 돌쯤 되면 비교를 시작하자.** 누구 신발이 더 큰가, 어떤 고양이가 털이 더 많은가, 어느 냄비에 국물이 더 많이 들어갈까, 어떤 쇼핑백이 더 무거울까에 대해 이야기를 나누자.

● 시장을 보고 돌아와서 **식료품을 정리할 때 크기 순서대로** 찬장에 나열하는 방법도 있다.

● 날마다 반복되는 일상을 재미있는 공부시간으로 바꿔보자. 예컨대 **목욕을 하는 시간은 과학 시간으로** 바꿀 수 있다. 이 주전자에 물이 얼마나 들어갈까? 물이 구멍을 통해서 어떻게 나올까? 물이 위로 올라갈까? 어떤 장난감이 물에 뜰까? 욕조 하나만 있으면 멋진 수업이 가능하다.

● **부엌도 재미있는 수업을 하기에 안성맞춤**이다. 부모가 요리를 하고 아이들이 거들게 하면 좋다. 예컨대 간식으로 먹을 샌드위치를 만들면서 삼각형, 사각형, 원 등의 모양과 여러 가지 색깔에 대해 공부하는 것이다. 에비의 외할머니 애니는 아주 멋진 구식 주방저

울을 가지고 아이들에게 무게 재는 방법을 가르쳐준다.

● 아이들이 부엌에 오래 있게 하면 좋다. 에비의 아빠는 요리할 때 '꼬마 보조 요리사'를 옆에 둔다. 그 결과 에비는 모든 종류의 채소를 알게 되었다. 가게에서 신선한 채소를 고르는 법도 알고 각각의 채소가 어떻게 자라는지, 어떤 냄새를 풍기는지, 음식을 하면 어떻게 변하는지도 알게 되었다. 에비는 아빠의 부주방장 자리를 좋아해 마지않는다.

설거지도 하나의 교육이 될 수 있다. 어린 아이들에게 소매를 걷고 튼튼한 그릇들을 씻으라고 하면 의외로 재미있어 한다. 아이들 모임에 가면 나는 주로 커피잔 닦는 일을 했는데, 에비가 큰 방에서 장난감을 가지고 놀기보다 행주를 들고 부엌에 있는 걸 더 좋아했기 때문이었다.

● 가르치지 말고
이끌어내라

부모는 영리해져야 한다는 걸 잊지 말자. 신기한 교육용 자재와 프로그램과 기술을 파는 사람들은 그저 판매에 열을 올릴 뿐이다. 그런 프로그램이 두뇌 발달에 지대한 영향을 미친다는 증거는 별로 없다. 오히려 최근의 연구결과에 따르면 비싼 장난감을 너무 많이 가지고 놀았던 아이들은 상상력이 떨어지는 경향이 있다고 한다. 상상하는 법을 배우지 못했기 때문이다.

엄마가 모차르트를 좋아한다면 아이와 같이 들어도 좋다. 웨스트라이프나 로비 윌리엄스의 노래를 틀어주어도 관계없다. 음악이 아이들에게 자극이 되는 건 맞지만, 어떤 특정한 음악만이 지능을 향상시킨다든가 아이를 물리학도로 만들어준다는 증거는 없다.

낱말카드는 암기를 통한 교육방법이다. 부모의 친구들에게 자랑하기에는 더없이 좋지만 아이가 진짜로 뭔가를 배우는 건 아니다. 아이들은 전후관계와 맥락이 있는 실제 생활 속에서 배워야 한다.

아이가 학교에 들어가기 전에 글자를 가르치기로 마음먹었다면 강요하지 말고 재미있게 가르치자. 집 주변과 길거리에서 글자와 간판을 읽게 하고, 음식물 포장지와 과자 상자에 인쇄된 글자를 읽게 하자.

마당 혹은 공원에서의 교육

● 집에 마당이 있는가? 아무리 작더라도 마당은 외국의 멋진 관광지만큼이나 교육에 적합한 장소다. 현장학습을 위해 마당으로 나가서 줍기 놀이를 해보자. 동식물이 자라는 모습을 관찰하고 곤충 소리도 들어보자. 그리고 아이들에게 생각할 시간을 주자. "네가 개미만큼 작아지면 기분이 어떻겠니? 뭐가 다르게 보일까? 어떤 소리가 들리고 무엇이 보일까? 무엇이 무서울까?" "네가 하늘 높이 나는 말벌이 되어서 우리 집을 내려다 볼 수 있다면 어떻겠니?"라는 질문으로 아이의 생각의 문을 열어주는 것이다.
● 아이들이 직접 뭔가를 만들어보게 하자. 막대기나 돌, 나뭇잎, 물뿌리개로 악기를 만들어서 정원 음악회를 열면 어떨까?
● 아이들이 오감을 적극 활용하게 하자. 야외에 돗자리를 펴고 누워서 눈을 감고 무슨 소리가 들리는지 물어보자. 오래된 상자에 구멍

을 뚫고 게임을 해도 좋다. 집에서 일상적으로 쓰는 물건을 상자에 넣어두고, 아이들에게 손을 집어넣어 물건을 만져보면서 무엇인지 알아맞혀 보라고 하자.

어른들과 마찬가지로 아이들도 직접 글로 쓰면 학습효과가 좋아진다. 어린 아이들은 그림을 그리게 하면 된다. 예컨대 일 년 열두 달을 가르치려면 직접 달력을 만들어 매달 다른 그림을 그려 넣게 하자. 4월에는 부활절 달걀을 그리고, 8월에는 바닷가를 그리는 식으로 하면 된다.

아이들 책은 손이 잘 닿도록 책장의 아래 칸이나 낮은 선반에 둔다. 아이들에게 자기 전에 읽을 책을 스스로 고르라고 하고, 가끔은 아이들에게 '읽어 달라' 고 해보자. 아이들은 그림만 보고도 줄거리를 기억해내서 이야기할 수 있다. 원래 줄거리에서 벗어나더라도 걱정하지 말고 "테디가 집에 없었다면 어떻게 됐을까? 친구들은 어떻게 했을까?"라는 식으로 질문을 던져 보라.

날씨에 관해 집중적으로 이야기를 나누는 것도 굉장한 학습효과가 있다. 캐롤라인은 두 아이를 데리고 바람이 많이 불거나 비가 오는 날이면 밖에 나가서 강풍을 견뎌보거나 비에 흠뻑 젖을 때까지 가만히 서 있는다고 한다. 비냄새, 바람냄새를 맡아보라고 아이들에게 엄마가 말해준다. 실제로 캐롤라인의 아이(헤더와 머레이)들은 냄새 맡기 놀이도 좋아해서 정원의 꽃, 들판에 있는 젖소, 부엌의 양념 냄새를 각각 맡아보고 좋은 냄새와 나쁜 냄새를 구별하는 놀이도 한단다.

체험은 아이에게 절대 잊지 못할 기억을 심어준다. 〈토마스와 친구들〉에 빠져 있는 벤(4세)은 증기엔진의 작동원리를 훤히 꿰고 있다. 아빠가 오래된 증기기관차를 좋아해서 벤을 데리고 기차 박물관에 갔다왔기 때문이다. 거기서 〈토마스와 친구들〉에 나오는 캐릭터처럼 기차에 옷을 입히는 체험을 했는데, 벤은 그 일을 계기로 기차에 흥미를 느꼈고 증기엔진의 작동 원리에 대해 상세히 알게 되었다는 것이다.

아이들의 교육에는 확실한 지름길이 없다. 얼핏 생각하기로는 아이들을 비싼 교육자재 앞에다 앉혀 놓으면 지능발달에 도움이 될 것 같지만 실제로 그런 도구들은 암기식 교육의 지름길일 뿐이다.

갓난아기든, 유아든, 유치원생이든, 더 큰 아이든 최고의 교육방법은 다르지 않다. 부모가 아이들과 시간을 많이 보내면서 이런저런 일들을 함께하는 것이다. 아이들에게 뭔가를 '가르친다'는 느낌이 들지 않도록 머리를 쓰자. 아이들을 관찰하고, 수다에 귀를 기울여주고, 아이들의 눈높이에서 같이 놀면 된다. 에비의 외할머니 애니는 이렇게 말한다.

"어린 아이들이 억지로 뭔가를 배우게 할 수는 없어. 부모가 이끌어 내는 거지."

창의적인 아이로 기르고 싶다면?
정재승 카이스트 교수 "기다림이 중요하다"

김가연(가명) 씨의 아들 동현(5)이는 평소 '왜?'라는 질문을 입에 달고 산다. 그런 아들을 볼 때마다 김 씨는 '혹시 내 아이가 영재는 아닐까?'라는 행복한 고민에 휩싸인다. 새로운 무언가를 알아가려는 탐구심 속에서 '왜'라는 질문이 나오는 것이라고 생각하는 것이다. 그렇다면 정말 동현이는 영재일 가능성이 높을까?

"냉정하게 이야기하면 '왜'라는 질문을 자주 던지는 아이의 상당수는 애정결핍일 가능성이 높다." 정재승 카이스트 바이오·뇌공학과 교수의 답변이다. 정 교수는 "영재는 '왜'라는 질문을 계속 던지는 것이 아니라 그 질문을 계속 생각하고 혼자 알고 있는 지식과 논리의 범위 안에서 엉뚱하지만 스스로 답을 찾으려고 노력하는 것이 영재에 가깝다"고 말했다.

다른 관점과 경험을 넣어주라

정 교수가 모든 욕망은 결핍에서 시작된다는 점을 강조한다. 아이 스스로 자발적 동기에 의해 어떤 걸 배우고 행동해야 하는데 아이가 욕망하기 전에 부모가 해야 할 것을 계속 치워주니 스스로 욕망하는 일이 줄어든다는 것. 그러니 기껏해야 휴대폰 게임이나 욕망하는 삶을 살게 된다는 것이다.

정 교수는 "요즘 아이들이 너무 풍족한 시대를 살다보니 욕망하기 전에 충족되는 삶을 살고 있다. 여러분은 스스로 요구하는 자발적 동기로 충만한 아이로 키워야 한다"고 말했다.

'톰 소여 효과'처럼 흥미로운 경험도 보상과 처벌이 따르는 일이 되면 흥미가 떨어지고 효율도 낮아지는 반면 일이 놀이가 되는 순간 몰입해 즐길 수 있다는 말이다.

창의적인 사람의 뇌에선 어떤 일이?

창의적인 아이들의 특징은 대부분 '암기'를 하지 않는다. 암기하는 것을 싫어하는 대신 원리를 통해 유추하는 시간에 상당부분을 할애한다. 정 교수는 수학 영재와 평범한 아이의 뇌 사진을 보여주면서 "수학 영재는 사칙연산할 때 뇌를 거의 쓰지 않다가 올림피아드 문제 같이 어려운 파트에서는 굉장히 집중하는 반면 평범한 아이는 사칙연산을 할 때 머리에서 불이 나고 정작 어려운 문제를 풀 때 뇌에선 아무 일도 벌어지지 않는다"고 말했다.

그렇다면 창의적인 사람의 뇌는 일반인과 어떻게 다를까. 정 교수는 "이들(창의적인 사람들)은 뇌의 특정한 영역(발상의 화수분)이 발달하진 않았지만 창의적인 생각을 할 때 평소에 신호를 주고받지 않던 뇌 부위가 마구 신호를 주고받는 것을 확인했다"고 밝혔다.

상식이나 고정관념에서 벗어나는 생각과 행위들이 뇌 안에서 멀리 떨어져 있는 부위가 서로 신호를 주고받고 연결되게끔 한다. 예를 들어 학생에게 글을 써보라고 하면 이야기가 저장돼 있는 메모리에서 변형해서 내용을 만들어내 저마다 비슷한 내용을 쓰게 된다. 하지만 책의 아무 페이지나 펼쳐서 두 문장을 임의로 발췌해 글을 쓰게 하면 두 개의 사건을 논리적으로 설명하는 뇌 영역이 움직여 보다 독창적인 글이 나오게 된다.

지도 보는 법 아니라 지도 그릴 수 있는 사람 돼야

정 교수는 한글, 숫자 등의 공부를 6살 이후부터 시키는 것이 좋다고 조언했다. "6살 이하 아이에게 언어와 수학을 가르치면 아이가 할 수 있더라도 스트레스를 받아 부모와 친구와의 관계가 망가질 수 있습니다. 6살 이전의 뇌는 오감을 정교하게 만들고 감정을 표현하고 사람과 관계맺기 밖에 안 하기 때문에 정서·사회성 등 다양한 감각을 자극하는 교육이 필요합니다."

모든 아이들이 즐겨하는 레고블록 쌓기는 창의성을 키워주는데 얼마나 도움이 될까. 정 교수는 "아이들이 즐겨 하는 레고블록 쌓기는 절차적 과정을 익히는 것이기 때문에 공부하는 데 도움이 될 뿐 창의성에는 별 도움이 되지 않는다"며 "레고가 아니라 놀 것이 없어서 나뭇가지, 박스를 갖고 장난감을 만들고 놀 때 창의성이 발휘되는 것"이라고 설명했다.

영어교육을 중시하는 부모에게도 조언을 건넸다. 정 교수는 "영어는 모국어가 완벽한 상황에서 배우는 것이 좋다. 6살 이전에 영어를 배우면 모국어를 하는 네트워크와 섞여 나중에 모국어와 영어 둘 다 굉장히 잘하는 어른이 되긴 어렵다"면서 "영어는 모국어 영역 옆에 영어를 하는 영역이 생성되는 시기인 6~12살 때 배우는 것이 적기"라고 답했다.

현명한 부모라면 아이가 스스로 지도를 그릴 수 있게끔 시간을 두고 기다려 줘야 한다는 것이 정 교수의 조언이다. 정 교수는 "부모는 아이가 스스로 뭔가를 하고 싶어하고 재미있어 하는 걸 발견할 때까지 기다려줘야 한다. 막연하고 불안한 마음에 이것저것 시키지만 충분히 기다려주는 것도 부모가 갖춰야 할 요소"라고 강조했다.

"우리가 할 일은 아이에게 길을 잃어도 되니 자기 마음대로 돌아다니고 자기 만의 지도를 그리도록 기다려주는 일입니다. 부모는 아이가 자신의 동력으로 나아갈 때 뒤에서 도와주는 형태가 돼야 하는 것이죠. 자발적 동기로 가득 찬 어른이 되는 건 어린 시설에 결정됩니다. 세상에 나가 스스로 지도를 그리는 아이로 키우는 현명한 부모가 되길 바랍니다."

Part 14

미술놀이

아이의 창의력은
놀면서 생긴다

● 몸을 적시며
지저분하게
놀게 하라

우선은 정원이나 집에서 멀지 않은 야외에서 할 수 있는 놀이를
해보자. 너무 더워서 차를 몰고 멀리 가기도 힘든 여름날에는 집 근처
에서 하는 바깥놀이가 최고다.

- 물로 그리기(water painting). 언제 해도 재미있는 놀이다. 붓 씻는
  물통이나 양동이에 물을 가득 채워주고 아이들에게 집 담장 바깥
  쪽을 붓으로 '색칠' 하라고 하면 된다. 물론 비나 눈이 오는 날은 피
  해야 한다. 아이들은 몇 시간이고 재미있게 놀 것이고, 물이 모두
  증발하기 때문에 뒷정리도 필요 없다.
- 물로 그리기를 약간 변형해서 분필로 그림을 그리게 해보자. 분필
  그림은 비에 씻겨 없어질 때까지 기다리거나 호스로 물을 뿌려 지
  우면 된다.

266

- '모아서 붙이기'는 어떨까? 아이들에게 쇼핑백이나 양동이를 주고 바깥(어른이 함께 가준다면 더 멀리까지 가도 좋다)에 나가서 '재미있는 물건'을 모아오라고 하자. 쓰레기는 안 되고, 살아 있는 것도 안 된다는 식으로 규칙을 정해야 한다. 수집이 끝나면 집에 와서 카드나 종이에 붙여 콜라주를 만든다. 이건 에비가 가장 좋아하는 바깥 놀이다.

- 어느 정도 큰 아이들에게는 '찾아올 물건' 목록을 주어서 내보낼 수도 있다.

- 히피족의 후예가 되어보면 어떨까? 양동이와 물, 염색약과 정착제만 있으면 낡은 티셔츠나 베개 커버를 이용해 홀치기염색 작품을 만들 수 있다.

- 낡은 종이 상자를 버리지 말고 보관했다가 사인펜으로 그림을 그리거나 잔디밭 위에서 색칠해서 집, 동굴, 차, 배 따위로 변신시켜 보자.

- 강화유리를 끼운 커다란 창이나 미닫이문이 있으면 비누칠을 해놓고 아이들에게 손으로 무늬를 그리라고 해보자. 나중에 닦아내기가 쉽고 유리창도 아주 깨끗해지니 일석이조.

조슈아(8세), 아서(5세), 메이벨(3세) 세 아이를 키우고 있는 멜라니는 아이들은 무조건 밖으로 내보내는 게 잘 키우는 비결이라고 한다. 아이들은 밖에서 노는 동안에는 '엄마, 심심해'라고 말하는 법이 없다. 비가 오는 날에도 멜라니의 아이들은 비옷과 장화를 신고 나가서 철벅거리며 논다. 아이들은 몸을 적시면서 지저분하게 노는 것도 좋아한다.

행여 옷이 젖거나 지저분해지는 것을 염려하는 부모도 있는데 그냥 눈 감아버리면 그만이다. 지저분하지 않아도 아이 옷은 갈아입히고 빨래거리는 쌓이기 마련이다. 자신의 시간을 갖고 싶고, 아이들이 말 잘듣기를 바라는 마음이 간절하다면 오히려 바깥놀이를 최대한 시키는 게 비법이 될지도 모른다. 신나게 놀고나면 집에서는 말 잘 듣고 일찍 자는 부모가 바라는 착한 어린이가 될테니까 말이다.

● 아이가
좋아하는
실내 미술놀이

날씨가 너무 춥거나 흐려서 야외활동에 적합하지 않은 날에는 실내에서 할 수 있는 놀이를 찾아보자. 우선 부엌 찬장에 항상 있는 물건들을 활용하는 놀이법을 몇 가지 소개하겠다.

- 달걀이 들어 있던 상자의 울퉁불퉁한 '혹'을 잘라낸 후 이어 붙이면 애벌레 같은 동물이 만들어진다. 상자를 반으로 자르고 길이 방향으로 붙인 후 색을 칠하고 종이로 혓바닥을 만들어 붙이면 무서운 용이 된다.

- 둥근 커피 필터를 이용해 꽃을 만들 수 있다. 필터를 반으로 세 번 접은 후 색소를 탄 물에 담가 각각의 '모서리'를 다른 색깔로 물들인다. 필터를 펴서 바닥에 놓고 말리고, 다 마르면 중간을 꼬아 잡

아 당겨서 꽃 모양을 만들면 된다. 빨대로 줄기를 만들고, 향수를 약간 뿌리면 꽃향기를 품은 진짜 꽃처럼 보인다.

● 부엌 찬장에 들어 있는 파스타를 이용해서 작품을 만들어보자. 다양한 모양의 파스타를 풀로 붙이라고 하면 아이들은 시간 가는 줄 모르고 파스타를 잇기도 하고 종이에 붙이기도 하면서 논다.

● 케이크 장식에 쓰는 아이싱펜을 준비해 두면 쓸모가 많다. 밋밋한 통밀 비스킷을 예쁘게 꾸밀 수 있고, 밀가루 반죽에도 그림을 그릴 수 있다.

● 안 쓰는 그릇에 물감을 붓고 실을 담갔다 꺼낸다. 그러고는 아이와 함께 그 실을 종이에 대고 움직여 무늬를 만드는 것이다. 실 끝에 빨래집게를 달면 손이 더러워지지 않아서 좋다.

● 달걀 상자의 윗부분만 남겼다가 속에 화장지를 채워서 부활절 둥지를 만들어보자. 노란 병아리와 초콜릿 달걀도 넣어보자.

● 종이 접시로 '가면'을 만들어보자. 접시를 고양이, 병아리, 사자와 같은 동물 모양으로 자르고 물감으로 칠한 후 노란 고무줄을 달아주면 훌륭한 동물 가면이 된다.

● 종이 위에 페이퍼 도일리(찻잔이나 탁상용 그릇을 받치는 구멍 뚫린 장

식용 종이-옮긴이)를 붙이고 아이에게 그 위에 색칠하게 하자. 그러고 나서 도일리를 떼어내면 예쁜 무늬가 나타난다.

● 뾰족한 부분을 잘라낸 이쑤시개를 찰흙 덩어리에 꽂고 눈을 붙이면 고슴도치가 된다. 아이에게 빈 아이스크림 통에 나뭇잎을 담아오게 해서 고슴도치 둥지도 만들 수 있다.

● 인기 있는 옛날식 놀이법 하나. 감자와 같은 뿌리채소를 반으로 잘라 재미있는 모양으로 깎아낸다. 절단면을 물감에 담갔다가 종이에 찍어 무늬를 만들어보자.

● 냄비, 프라이팬, 나무 숟가락을 활용해 즉석 '콘서트'를 열어보자. 필요하다면 귀마개를 해도 된다.

● 욕조에 물을 가득 채우고 세제를 넣은 다음 거품을 내면 오랫동안 놀 수 있다. 일상적인 일이라고 과소평가하지는 말자. 인형 옷을 손빨래한 후 빨래집게로 집어서 널어놓고 다림질하는 시늉도 해보자. 이렇게 놀다 보면 오후 시간이 후딱 가버린다.

● 냉장고에 있는 병이나 밀폐용기, 또는 조미료 선반에 있는 허브나 양념을 하나 꺼내보자. 한 번에 하나씩 뚜껑을 열어서 아이에게 눈을 감고 냄새를 맡아보라고 한다. 음식의 재료가 무엇인지 추측해보고, 색깔과 냄새와 맛에 대해서도 이야기를 나눠보자. 어떤 재료

로는 그림도 그릴 수 있다.

● 집에서 고무찰흙을 만들어보자. 앞에서 언급한 대로 이 책은 제조
법이나 작품 만드는 과정을 자세히 소개하지 않지만 이 고무찰흙
만들기만은 예외로 한다. 여기서 소개하는 고무찰흙 만들기는 에
비의 친할머니 크리스틴이 쓰는 방법이다. 찰흙으로 모양을 만들
때는 마늘 다지는 도구나 쿠키커터를 이용하면 더없이 좋다.

고무찰흙 만들기

재료

식용유 2큰술, 밀가루 2컵, 소금 1컵, 물 1컵, 타르타르크림(주석산) 2작은
술, 식용색소 약간

만드는 법

1) 식용색소를 물에 탄다.

2) 모든 재료를 큰 냄비에 넣어 섞고, 중간불로 익히면서 계속 저어준다.

3) 재료가 가장자리에 묻어나기 시작하면 젖은 수건을 덮어 약간 식힌 후
   반죽을 잘 치댄다. 너무 서두르다가 손을 데지 않게 조심해야 한다.

4) 식히고 나서 밀폐용기에 보관한다.

에비의 친할머니 크리스틴은 고무찰흙 만들기를 하면 아이들이 정말 좋아한다고 늘 말씀하셨다. 집에서 만들면 가게에서 파는 고무찰흙보다 훨씬 말랑말랑해서 만드는 과정에서부터 작품 만들기까지 아이들이 흠뻑 빠져들 수 있는 미술놀이다.

그런 이유 말고도 한 가지 더 있다. 가게에서 파는 만들기세트는 완성하기 어렵다는 게 많은 부모들의 경험이다. 네 살 클로에의 아빠 롭은 비싼 돈을 들여 사기보다는 집에 있는 물건을 활용하려고 애쓴다. 비싼 돈을 들여서 클로에에게 만들기 세트를 사줬더니 대부분은 만드는 법이 너무 복잡해서 집중하기 어렵고 다 끝내지도 못했다는 것이다. 요즘은 집에 있는 평범한 생활용품을 많이 이용하면 아이가 더 오래 흥미를 보이기도 하고 돈도 훨씬 적게 든다. 완벽한 창작물이 아니어도 된다. 그저 모든 물건에 비닐커버를 씌우고 아이들이 마음껏 놀게 해주자는 게 롭의 생각이다.

일상 소품을 이용한 창의적인 놀이법

똑똑한 부모들은 일상적인 소품이나 못 쓰는 물건이나 익숙한 상황을 재미있는 놀이로 마법처럼 바꾼다. 그들의 요령을 살짝 들여다 보자.

- 앨범에 넣을 만큼 좋지 못한 옛날 사진들과 생일카드를 오려서 콜라주를 만든다. 혹은 오래된 빈 앨범을 아이들에게 주고 자기만의 앨범을 만들게 한다.

- 오래된 세라믹 타일에 아이의 손도장이나 발도장을 찍는다. 밑에 아이의 이름을 쓰고 24시간 후에 니스를 바르면 된다.

- '심심풀이용 상자'를 만든다. 남는 리본, 선물에서 떼어낸 상표, 모

조 보석, 단추, 조약돌, 깃털, 반짝이, 잡지나 카탈로그를 넣는다.
어떤 아이들은 이 상자를 보물처럼 소중히 여기면서 오랫동안 가
지고 논다.

● 디지털 카메라로 집안의 익숙한 물건들을 크게 확대해서 사진을
  찍어두자. 사진을 프린트해서 집안에서 보물찾기를 할 때 사용하
  면 좋다.

● 집에 사무공간이 있다면 아이들도 '출근'을 시켜보자. 펜과 종
  이, 펀치 등의 안전한 사무용품을 주고 바인더에 서류를 끼우게
  해보자.

● 집에 일일 극장을 만들어도 좋다. 아이에게 DVD를 고르도록 하고
  포스터와 입장권과 팝콘을 준비한다. 가족이 다 같이 모일 때나 아
  이 친구들이 놀러올 때 이런 방법을 쓰면 좋다.

● 우리 가족의 역사책을 만들어 보자. 가족과 관련이 있는 옛날 사
  진, 작은 물건, 이야기를 모아서 스크랩북에 붙이면 된다. 아이들
  은 원래 가족의 옛날이야기를 좋아하다.

● 크레숑이나 파슬리 등을 이용해 미니어처 정원을 만들어보자. 솔
  방울과 찰흙, 장난감 등을 활용해 작은 세계를 만들어주면 아이들
  의 상상력에 날개가 돋칠 것이다.

집안에 극장을 만든다는 아이디어를 냈던 앤지는 이렇게 말한다. "이런 놀이를 하면 '아, 난 정말 좋은 엄마야' 라는 생각에 기분이 좋아집니다. 보통 때 저는 너무 피곤해서 뭔가 준비가 필요한 놀이는 엄두도 못 내거든요. 하지만 이렇게 놀고 나면 정말 보람이 있어요. 외동인 아이에게는 더욱 좋죠. 친구들이 놀러와 있을 때 같이 재미있게 놀 수 있으니까요."

이런 아이디어를 하나씩 실천하다 보면 멋진 작품이 너무 많아져서 집에 공간이 부족해질 수도 있다.

공간을 절약하려면 아이가 가장 좋아하는 작품 몇 개를 골라서 스크랩북이나 문구점에서 파는 커다란 미술품용 폴더에 붙이자. 작품 사진을 찍어서 앨범에 붙이거나 컴퓨터에 '꼬마천재의 작품' 이라는 폴더를 만들어서 저장해도 된다. 창의력을 발휘해서 아이와 미술 놀이를 해야 한다는 생각에 머리가 아찔해지는 부모들도 너무 걱정하지 말자. 특별한 놀이는 일 년에 한두 가지만 해도 충분하다. 우리 아이에게 맞는 놀이를 골라서 한번 해보자. 아니면 아이가 할머니 집에 놀러갈 때 목록을 만들어 함께 보내자.

아이들은 멋진 조형물과 미술도구보다는
엄마와 함께 그리는 밀가루 그림과
아빠와 함께 만드는 고무찰흙 말을 더 좋아한다.
아이를 키우는 데는 시간도 들고 돈도 들지만
무엇보다 정성과 태도가 곁들여져야 한다.

아이들의 미술작품 어떻게 정리하면 좋을까?
벽면이나 신발장 위에 갤러리 만들어 전시해주세요

아이들이 그린 그림이나 종이 접기, 점토와 같은 미술 작품들을 어떻게 정리하면 좋을까? 계속 쌓이면 처치 곤란이지만 그렇다고 해서 아이 몰래 버리자니 마음에 걸려서 고민하는 엄마들이 적지 않다. 일본의 수납정리 전문가인 요시가와 게이코 씨는 아이들의 작품을 즐기면서 깔끔하게 정리하는 방법에 대해 다음과 같이 조언하고 있다.

가족이 함께 지내는 공간에 갤러리를 만들자

청소나 정리를 할 때 처치 곤란한 것이 바로 아이들이 그린 그림이나 직접 만든 미술 작품들이다. 아이들이 열심히 만들었고 각각의 작품에 나름의 추억도 담겨 있어서 쉽게 버릴 수도 없기 때문이다. 아이들 작품을 정리할 때 가장 먼저 고려할 것은 '무엇을 남길 것인가?' 라는 우선순위를 정하는 것이다.

전시물의 교체 시기는 아이의 새로운 작품이 완성됐을 때를 기준으로 삼으면 된다. 한동안 전시해두고 충분히 감상했다면, 버릴 작품들은 사진으로 찍어두고 성장기록으로 남기는 방법을 추천한다. 한걸음 나아가 앨범이나 포토북 등에 코멘트를 붙여서 보존해두면 나중에 아이들이 컸을 때 훌륭한 추억이 된다.

벽면에 전시 코너 연출

벽에 선반을 달면 작은 작품들을 진열하는 코너로 연출할 수 있다. 혹은 한 장의 커다란

보드지에 각각의 종이접기 작품이나 그림들을 스크랩하여 붙이면 또 다른 멋진 작품으로 재탄생한다.

새로운 작품이 생기면 교체

아이가 새로운 그림을 그렸다면 그림을 교체한다. 내용이 바뀜에 따라 벽면의 갤러리가 새로운 분위기를 연출한다. 이렇게 한 번 전시하고 나면 아이들도 만족해서 주저하지 않고 버릴 수 있다.

액자에 넣으면 훌륭한 미술 작품으로 변신

아이들의 그림은 액자에 넣는 것만으로도 더욱 멋지게 변신한다. 거실 벽면에 걸어두면 가족들이 함께 즐길 수도 있고, 아이들의 만족도도 높아진다.

장기 보관용 상자 준비

파일이나 서류 상자 등을 이용하면 깔끔하게 보관할 수 있다. 학년이 올라갈 때 열어보고 버릴 것들을 다시 추려내거나 '상자는 2개만 보관한다'라고 룰을 정하는 것도 짐을 늘리지 않는 방법이다.

아이들 소품은 서랍에 보관

도화지나 공작도구, 문구류 등의 작은 물건은 서랍에 수납하는 것이 좋다. 안쪽 길이가 깊지 않고 가로로 긴 형태의 서랍이 꺼내기도 쉽고 한눈에 모두 보이기 때문에 아이들이 사용하기에 편리하다.

입체적인 작품은 모아서 진열

신발장이나 거실 수납장 위에는 입체적인 작품을 전시하는 코너로 활용할 수 있다. 'OO의 갤러리'라고 푯말을 만들어 주면 더욱 멋진 연출이 가능하다.

아이가 자라도 쓸 수 있는
물건을 고른다

● 초보엄마에게
육아용품 쇼핑의
분별력을 바라다니!

처음으로 부모가 될 때는 누구나 신이 나서 온갖 유아용품에 거의 중독되다시피 한다. 유아용품 카탈로그를 뒤적이며 전에는 필요하리라고 상상도 못했던 놀라운 기계와 깜찍한 액세서리를 눈을 크게 뜨고 보게 된다. 남들이 필요하다고 하면 다 사들여야 할 것만 같다.

그래서 물건을 산다. 사고 또 산다. 그렇게 산 물건의 3분의 1 이상은 3년이 지나도록 거의 쓰지 않거나 포장조차 뜯지 않은 채로 선반 뒤, 침대 밑, 자동차 트렁크 같은 곳에 그냥 처박혀 있기도 한다.

물론 둘째를 키울 때도 아기용품과 유아용품을 새로 장만한다. 이번에는 부모도 아주 현명해져서 필요한 물건과 불필요한 물건을 정확히 구별하고 꼭 필요한 물건에만 돈을 쓴다. 혹은…… 그렇지 않거나.

고백하자면 나는 정말 분별력이 없었다. 얼마 전에 둘째를 임신했을 때도 이것저것 사들이려는 본능을 조절하느라 애를 먹었다. 물론 이번에는 어떤 물건이 정말 도움이 되고 어떤 물건이 흥분한 부모들의 돈을 노리는 속임수인지 더 잘 알고 있었다. 그렇다고 해서 내가 그 모든 깜찍한 물건들을 사지 않고 넘어갔을까? 샀다. 이번에는 아들이었기 때문에 핑계거리도 있었다. 에비의 분홍색 레이스 달린 물건 중 절반은 쓸 수가 없어서 파란색의 남아용 물건들을 새로 사야 한다는 핑계였다.

그래도 나는 경험 많은 부모들의 말을 들으려고 애썼다. 낭비가 분명한 물건, 편리하지 않은 물건, 별로 효과가 없는 물건은 제외하려고 노력했다.

이건 다소 주관적인 문제이긴 하다. 어떤 사람들은 정말로 필요하다고 장담하는 물건이 다른 누군가에게는 완전히 낭비일 수도 있으니까. 하지만 가까운 유아용품 매장에 가서 모든 물건을 한꺼번에 사기 전에 아기 욕조를 재활용하는 선배 부모들의 말에 귀를 기울일 필요가 있다.

● 낭비가 아닌
필요한 물건을
고르는 요령

세부적인 항목으로 들어가기 전에 전체적인 비용을 줄이는 요령부터 살펴보자.

● 처음에 너무 많이 사지 말자. 부모들을 유혹하는 유아용품이 많긴 하지만, 사실 아기들이 꼭 필요로 하는 물건은 기본적인 것들이다. 안전하고 편안한 잠자리와 기본적인 옷과 기저귀만 있으면 아기들은 잘 지낸다. 아기가 가장 필요로 하는 건 최신 전자장치가 아니라 엄마다.

● 반대로 항상 필요한 물건이나 아기가 특별히 좋아하는 물건은 하나 더 구입해서 할머니, 할아버지 집에도 두면 어떨까? 이동 서커스단처럼 물건을 잔뜩 싸들고 왔다 갔다 하는 것보다는 돈을 좀 들

이는 편이 낫다.

● 아기는 계속 자라고, 그것도 빨리 자란다는 사실을 명심해야 한다. 따라서 신생아 시기의 물건을 너무 많이 사놓은 건 좋지 않다. 어떤 아기들은 신생아 사이즈 옷을 1~2주밖에 입지 못한다. 신생아용 기저귀를 2~3주 쓰다가 보면 사이즈를 바꿔줘야 하는 아이도 많다. 신생아용품은 선물이 들어오는 경우도 많기 때문에 꼭 필요한 옷과 기저귀를 적은 수량으로 구비하는 게 좋다.

● 몇 달 동안만 쓰는 물품은 다른 사람과 함께 구매하고 반반씩 돈을 내는 시스템을 구축하는 것도 괜찮다. 공동육아용품클럽이라고 생각하면 된다. 주위에 비슷한 시기에 태어나는 아기가 있으면 시도해 보자. 원래 비용의 반으로 두 배의 가치를 얻을 수 있다. 갓난아기용 유모차나 아기바구니를 이런 식으로 사면 좋다.

● 특이하고 신기한 소리를 내는 물건이 단순한 물건보다 더 좋거나 아이에게 안전할 거라는 생각은 버리자. 우리는 에비가 갓난아기일 때 아주 비싼 베이비 모니터를 샀다. 거기에는 방안의 온도가 아기에게 알맞지 않으면 알림이 올리는 온도 경보장치까지 달려 있었다. 마침 무더운 여름이라 집안 어느 곳도 알맞은 온도를 유지할 수 없었다. 선풍기를 틀고 창문을 열어놓고 미친 듯이 부채질을 해도 소용이 없어서, 베이비 모니터를 켜기만 하면 알람이 울어댔다. 온도 경보장치만 꺼버리는 방법도 없었다. 결국 그 우리는 그

모니터를 아예 꺼버리고 온도 경보장치가 없는 훨씬 저렴한 제품
으로 다시 샀다.

● 더 이상 아이를 낳을 계획이 없다면 아이들이 자라서 필요가 없어
진 물건들을 가차 없이 처분하자. 인터넷에 올려서 판매하거나 주
말 벼룩시장을 이용하면 비용을 어느 정도 회수할 수 있다.

● 카탈로그에 나온 물건들을 직접 보면서 고를 수 있는 전시장에 가
보자. 단 카탈로그를 미리 보고 원하는 물건을 찾아두자.

● 아기용 그네, 해변에서 쓰는 햇빛가리개처럼 아주 잠시 사용할 물
건이나 유모차나 유아 전동자동차처럼 비싸고 큰 하지만 오래 쓰
지는 않는 물건들은 대여하는 방법을 고려해 본다. 인터넷에서 검
색하면 지역별, 가격별로 대여업체를 찾아볼 수 있다.

어떤 사람들은 아기용품이나 유아용품을 중고로 사라고 권한다.
중고라고 하지만 새것이나 다름없는 물건도 많다. 가족이나 친구들은
물론이고 자선가게, 벼룩시장, 인터넷 중고사이트 등을 잘 뒤져보자.
중고품을 구입할 때는 안전에 유의해야 한다.

중고시장에서 딱좋은 육아용품 고르는 요령

● 물건의 질을 잘 따져 보자. 아기의 살갗이 닿을 부분을 미리 만져 보아 거칠거나 날카로우면 패쓰! 접히는 부분과 회전하는 부분, 스프링 등은 아기의 손가락이나 발가락이 끼기 쉬우니 꼼꼼하게 살펴야 한다.

● 작은 부속품이나 끈, 덮개 등이 빠짐없이 제대로 다 갖춰져 있고 느슨하지는 않는지 확인한다.

● 조립을 해야 하는 물건이라면 설명서가 포함되어 있는지 확인해야 한다. 당연히 있어야 할 것이 빠지는 건 신제품에도 가끔 있다.

● 카시트처럼 아이의 안전에 직접적으로 관련된 물건을 살 때는 모험을 하지 말자. 이런 물건은 새것으로 사야 한다.

쇼핑 전에 새겨들을 만한 선배들의 충고

조슈아(8세), 아서(5세), 메이벨(3세)의 아빠 폴

"확신이 들지 않는 물건은 사지 마세요. 아이가 태어난 후에 정말 필요하게 되면 그때 사도 된다는 걸 큰애 때는 몰랐어요. 나중에 마음이 바뀌어서 그게 필요하다는 생각이 들면 언제든지 살 수 있어요. 아기가 태어났다고 해서 인생이 끝나는 건 아니잖아요. 설사 제왕절개 수술을 했다고 해도 인터넷으로 물건을 살 수 있습니다."

밀리(1세)의 아빠 제이크

"우리는 기저귀교환 받침대 대신에 서랍장을 샀습니다. 가격은 3분의 1정도였죠. 서랍장을 우리가 직접 꾸몄더니 개성 있어서 좋더군요. 사실 우리는 바닥에서 요를 깔아놓고 아기 기저귀를 갈아요. 그 편이 훨씬 쉽고 안전하기 때문이죠. '아기용' 라벨이 붙어 있는 물건이라고 해서 무조건 구입하지 말고 대체 가능한 걸 찾아보세요. 그리고 우리는 값비싼 기저귀가방 대신에 보통 배낭을 사용했어요. 배낭 안에 보온이 되는 작은 우유병 캐리어를 집어넣었죠. 아이 엄마는 편하다고 했고, 저도 여자 핸드백 같은 가방을 메고 다니는 것보다 훨씬 좋았습니다."

벤(4세)의 아빠 데이빗

"우리는 위에 텐트가 달린 놀이용 울타리를 인터넷으로 팔았어요. 벤이 그 안에 들어가기를 싫어했기 때문에 한 번인가 두 번밖에 사용하지 않은 물건이었죠. 그걸 팔고 받은 돈으로 벤에게 세발자전거를 새로 사줬어요."

● 선배들이
추천하는 육아용품
'완소아이템'

여행용 아기침대 세 아이의 엄마 헬렌

"제가 산 것 중에 가장 유용했던 물건은 여행용 아기침대였어요. 우리는 어디 갈 때마다 그걸 여행가방에 넣어서 가져갔죠. 덮개와 방충망이 있고, 접으면 핸드백처럼 가지고 다닐 수도 있는 제품이었어요. 아기는 밤새 그 안에서 잘 잤어요. 수영장이나 바닷가에 갈 때도 그걸 챙겨 가면 아기가 그 안에서 놀기도 하고 잠을 자기도 했어요. 아기를 데리고 여행을 다닐 때 가장 불편한 짐이 바로 바닥이 온통 타일이어서 유모차 말고는 아기를 앉힐 데가 없다는 거잖아요."

분쇄기/믹서기 헬렌의 친구 비키

"저는 6개월이 된 아기에게 이유식을 만들어주려고 8파운드(약 14,000원)를 들여 분쇄기를 샀어요. 밀폐용기를 사는 돈을 아끼고 더욱 신선한 음식을 먹이는 거죠."

범보 의자/베이비 부스터 헬렌의 친구 사라

"저는 범보 의자를 어디에나 가지고 다닌답니다. 범보 의자는 가벼워서 들고 다니기가 편해요. 9개월 된 아기에게 이유식을 먹일 때나 큰아이의 수영 강습을 구경시킬 때 유용하게 쓰고 있답니다."

천기저귀 세탁 올리비아(3세)의 엄마 빅토리아

"저는 올리비아를 키우면서 기저귀 세탁 서비스를 이용했어요. 매주 새로 세탁된 기저귀를 받아서 썼죠. 와~ 비용은 만만치 않았어요. 그래도 그럴 만한 가치가 있었다고 생각해요. 저의 정신건강에 좋았고 1회용품 사용을 줄이는 효과도 있었으니까요."

기저귀 매트/가방 빌리(4세), 조지(2세), 딜란(갓난아기)의 엄마 헬렌

"스킵홉 기저귀가방은 비싸긴 해도 정말 좋아요. 어깨에 메고 다니는 보통 줄도 있고 유모차 걸이에 거는 특별한 줄도 달려 있죠. 그래서 가방이 바닥에 질질 끌릴까봐 줄을 바꿔 끼울 필요가 없어요."

아기띠 피온(2세)의 엄마 리사

"버스를 마음대로 탈 수 있고, 동네를 돌아다닐 수도 있고, 가게를 들락거리기도 편해요. 두 손이 자유로우니 물건을 고르기도 쉽고요. 조금만 연습하면 아기띠로 아기를 안은 채 젖을 먹일 수 있어요. 운동도 된답니다."

아기바구니/아기요람

아기바구니와 요람에 대해서도 의견이 엇갈린다. 헬렌은 아기바구니 대신 요람을 사라고 권한다. "아기바구니는 석 달 정도 쓰지만 요람은 여섯 달까지도 쓴답니다. 그리고 아기바구니는 약해서 아기가 조금만 자라도 불안해져요." 하지만 니키는 생각이 다르다. "우린 나무 요람을 거의 쓰지 않았어요. 요람을 사면 오래 쓸 수는 있겠지만 집안에서 움직일 때나 외출할 때 너무 힘이 들어요."

휴대용 변기 조지(4세)의 엄마 니키

"휴대용 변기는 배변훈련을 할 때 정말 유용해요. 쓰지 않을 때는 납작하게 접어둘 수 있답니다. 하지만 저는 비싼 리필용품을 사기가 아까워서 기저귀가방을 샀어요. 생리대를 가지고 다니면서 아이의 소변을 흡수해 버리는 거죠."

바운서/목욕의자 에밀리(5세)와 쌍둥이의 엄마 제인

"쌍둥이가 있으면 좋은 유아용품은 필수입니다. 2인용 유모차는 앞뒤로 붙은 것보다 옆으로 붙은 것이 좋아요. 그래야 아이들이 서로를 볼 수 있고 엄마를 보기도 쉽거든요. 바깥에서 두 아이에게 우유를 먹여야 할 때도 한결 수월하죠. 그리고 쌍둥이를 키우는 엄마에게는 바운서도 꼭 필요합니다. 낮에 한 아이에게 수유를 하는 동안 다른 아이를 붙잡아두어야 하니까요. 목욕용 의자를 구입하면 목욕시킬 때 아이를 손으로 붙잡을 필요가 없어서 좋아요. 목욕용 의자를 두 개 놓으면 손이 자유로워지기 때문에 두 아이에게 차례로 비누칠을 해줄 수가 있어요. 아니면 한 아이만 목욕을 시키고 다른 아이는 바운서에 앉혀두거나 엄마 옆에서 놀게 하세요."

자동그네 우디(4세), 쌍둥이 홀리와 캘럼(1세)의 엄마 조지아

"저는 자동그네를 적극 추천해요. 엄마가 멀쩡한 정신을 유지하려면 한 아이는 그네에 태우세요. 그래야 한 아이를 돌보는 동안 다른 아이가 떼를 쓰지 않아요. 저의 경우는 친구에게서 그네를 빌려왔는데 너무 마음에 들어서 하나 더 샀어요. 아이들은 그네를 하나씩 차지하게 됐죠. 그리고 저는 바닥이 푹신한 놀이용 울타리 안에 아이들을 나란히 눕혀서 낮잠을 재웠어요. 바운서를 두 개 놓는 것보다 깔끔하고, 어른들이 실수로 아이를 밟거나 걸려 넘어질 걱정이 없어서 좋았어요."

● 사고 나서 후회하는 아이템

아기 욕조

아기 욕조는 신생아 때 잠시 쓰다가 보통은 아이를 안고 씻기게 되면서 엄마가 같이 욕조에 들어갈 수밖에 없게 된다. 첫 아이는 엄마와 같이 물속에 들어가면 되고, 둘째 아이가 태어나면 둘이 같이 목욕을 시키게 될 것이다.

아기 좌석을 떼어내 카시트로도 사용할 수 있는 유모차

아기 좌석을 카시트로 쓸 수 있는 기간이 길지 않은데다, 뒷좌석에 큰아이의 카시트가 있다면 차에 들어가지도 않기 때문에 비싼 돈을 들여 굳이 살 필요가 없는 아이템 중 하나다.

기저귀 쓰레기통

많은 부모들이 기저귀 쓰레기통이 쓸모가 없고 냄새만 지독하다면서 절대 사지 말라고 입을 모은다. 집 앞에 쓰레기 버릴 곳이 없는 사람들은 생각이 다르지만. 어쨌든 주의하라.

살까 말까 고민되는 아이템

놀이 매트

좌식생활이 발달된 한국에서는 바닥에서 아이도 키운다. 아기침대나 기저귀 교환받침대 등을 굳이 마련하지 않아도 되는 건 이런 이유 때문이다. 기저귀를 갈아줄 때도, 아이가 기어다닐 때도, 친구들이 놀러와 같이 퍼즐을 맞출 때도 유용한 아이템이며 그만큼 오랜 시간 사용이 가능한 아이템이다. 놀이 매트는 아파트 층간 소음을 조금은 방지해주어 깔아두면 덕을 볼 수 있다.

정통 포대기 / 아이편해 / 아이처네 / 아이호사

정통 포대기는 집안에서 업고 다른 일을 할 수 있는 간편한 띠다. 아이편해나 아이처네, 아이호사 등은 모양과 사용법이 조금씩 다를 뿐 조끼형식으로 입으면서 아이를 등이 끼운다는 건 똑같다. 물론 앞으로 안을 때도 사용할 수 있는 제품들이다.

기능은 비슷하나 방식과 사용법은 조금씩 다르기 때문에 사용하는 엄마에 따라 선호하는 것들이 다 다르다. 매장에서 직접 매어보고 편한 착용감을 느끼는 것으로 살 것을 권한다. 또한 자가운전하는 엄마라면 이런 띠 종류보다는 차량용 카시트나 휴대용 유모차가 더 유용할 것이다.

겉싸개 / 보낭

한겨울에 태어난 아기들은 예방접종을 하러 병원에 갈 때 겉싸개가 꼭 필요하다고 한다. 겉싸개는 정말 몇 번 쓰지 않는 물건이지만 없으면 아쉬운 품목이기도 하다. 돈이 아까운 부모들에게는 겉싸개보다는 발까지 감싸서 지퍼를 채우는 주머니 형식의 보낭 겉싸개를 준비하는 것도 하나의 대안이 된다. 아기가 조금 자라 뒤집고 기어다니면 자다가 이불을 걷어차서 감기 걸릴까봐 걱정이 될 때 보낭을 입혀서 재우면 움직이면서도 보온을 유지할 수 있다. 한겨울에 유모차를 부득이하게 타야 할 때도 보낭으로 감싸서 유모차에 태우면 훨씬 안심이 될 것이다. 단 겉싸개는 오래 사용해서 얇아지면 이불로 사용할 수 있어서 나름대로 재활용의 가치가 있다. 두 물건을 비교해 보고 양육하는 사람이 편리한 물건을 선택하는 것이 아이도 편한 길이 될 것이다.

보온병 / 보온포트

모유수유를 고집했으나 어떤 이유로든 중단할 수밖에 없는 부모들은 분유를 타기 위해 전기포트와 보온병 등을 준비한다. 보온병이나 보온 포트는 밤중수유를 해야 하는 동안에 매우 유용하게 쓸 수 있고, 이유식 기간에 외출시에도 가정용 이유식을 휴대하기에 적합해서 마련하면 유용하다. 겨울에 가족끼리 드라이브를 갈 때도 뜨거운 물을 휴대할 수 있어서 보온병은 용량이 큰 것과 작은 것을 구비하면 좋다.

살균 건조기

젖병 사용할 때 따로 삶지 않아도 소독이 되는 살균 건조기는 수유를 오랫동안 해야 하는 경우에 매우 편리하다. 무엇이든 입에 넣고 보는 구강 탐색기 동안에는 아이가 갖고 노는 치발기나 숟가락, 장난감 등을 바로 살균 건조시킬 수 있어 활용도가 높다. 장마철 장염이 유행할 때면 단체 생활을 하는 아이의 물품 가운데 세척할 수 있는 도시락, 물병, 수저 등을 소독할 수 있어 오랫동안 쓸 수 있다.

일회용 치아거즈

젖니가 나기 전부터 입속을 자주 닦아주면 잇몸이 마사지되는 효과가 있다. 이가 한두 개 나면 입속을 깨끗이 닦아주어 치아우식증을 예방해야 한다. 곤란한 것은 외출에서 집으로 돌아오기 전 그대로 잠들어 버리는 경우다. 이때 편리한 제품이 일회용 물티슈처럼 입안을 닦아주는 일회용 치아거즈이다. 가격은 물티슈에 비해 비싼 편이지만 상용이 아니라 외출이나 여행에서 유용하므로 구비할 만한다.

마지막으로, 어떤 물건을 간절히 원한다면 너무 참지 말고 사라고 권하고 싶다. 사람마다 취향이 다르고 물건을 활용하는 능력 또한 다르기 때문이다. 그렇지만 아이를 처음 키우는 모든 부모들은 유아용품 회사의 신제품을 영업하기에 좋은 표적이다. 꼭 필요한 물건인냥 부추기는 영업사원의 의도를 간파하고 자신에게 필요한 물건을 골라내는 지혜가 있어야 한다. 있으면 좋은 물건과 꼭 필요한 물건, 불필요한 낭비를 구분하기 위해서 머리를 굴려야 한다.

내가 샀던 최악의 유아용품은 자동차의 라이터 잭에 연결해서 쓰는 우유병 데우기 도구였다. 황량한 길 한복판에서 오도 가도 못할 때 우유를 데울 수 있으니 정말 편리하리라 생각했다. 하지만 그런 상황은 한 번도 없었다. 나는 극한 상황에서도 멋지게 문제를 해결하는 용감하고 섹시한 엄마의 모습을 꿈꾸다가 바가지를 썼던 것이다.

또 항아리 모양의 최신 욕조를 샀다가 제대로 써보지도 못하고 세숫대야로 옮겨 씻긴 엄마들도 꽤 많다. 때에 따라서는 양육자가 사용법이 서툴러서 써야 할 시간을 놓치고 중고 시장에 내놓는 물건도 많다.

중요한 것은 아이들은 자라고 시간은 지나간다는 것이다. 있으면 편리하지만 없다고 해서 아이를 덜 사랑하는 것도 아니고 아이가 안 자라는 것도 아니다. 써보고 싶은 충동과 유용한 물건을 고르는 안목 사이에서 현명한 선택을 하는 순간, 그 순간에도 아이는 자라고 있다는 것을 명심하자.

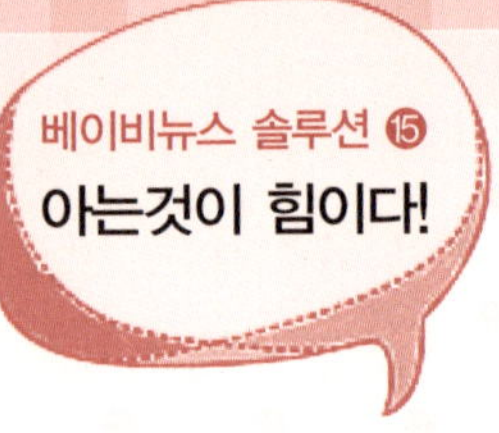

카시트, 아이 몸에 맞지 않으면 무용지물
신생아 → 유아 → 아동… 아이 몸에 맞게
카시트도 바꿔야

카시트는 교통사고로부터 아이의 생명을 지켜내는 매우 중요한 역할을 한다. 경미한 충격에도 민감한 아이들을 카시트가 안전하게 보호한다는 사실이 널리 알려지면서 카시트의 중요성을 실감하는 부모들이 차츰 늘고 있다. 카시트가 아이의 생명을 보호하기 위한 필수 육아용품이라는 인식이 퍼지고 있는 것인데, 아직 부모들의 인식이 미치지 못하는 부분이 있다. 바로 카시트를 사용하더라도 아이의 연령·체중에 딱 맞지 않으면 아무런 소용이 없다는 점이다. 카시트를 아이 성장에 맞춰 구매하는게 부담이 된다고 소중한 아이를 위험 속에 빠뜨려서는 안될 것이다.

아이 몸에 맞지 않는 카시트? 아이 보호 못해

한 방송에서는 차량 충돌 실험을 통해 연령에 맞는 단계별 카시트 사용이 얼마나 중요한지를 보여줬다. 생후 6개월 정도의 아기 모형을 범용 카시트와 신생아용 카시트에 각각 태운 채 차량 충돌 실험을 하고 아기가 어떤 충격을 받는지를 비교한 것.

실험 결과는 충격적이었다. 신생아부터 18kg의 아동까지 사용할 수 있는 범용 카시트를 장착한 경우, 차량이 정면으로 충돌하자 아기 모형의 상체가 앞으로 쏠리면서 머리가 앞으로 크게 꺾이는 것으로 나타났다. 반면 신생아용 카시트에 태운 경우 카시트의 흔들림만 포착될 뿐 아기 모형은 고정된 채 움직이지 않아, 범용 카시트와는 확연한 차이를 보였다. 이러한 실험 결과의 가장 큰 원인은 카시트의 크기다. 범용 카시트는 유아동까지 사용할 수 있도록 만들어졌다. 때문에 체격이 작은 신생아 몸에는 클 수밖에 없는 것. 많은 부모

들이 비용 부담으로 한번 사서 오래 쓸 수 있는 범용 카시트를 선호하지만, 머리를 잘 가누지 못하는 신생아를 범용 카시트에 태웠을 때는 차의 흔들림에 따라 아기의 머리와 목이 좌우로 흔들려 차량 충돌 시 아기를 완벽하게 보호할 수 없다.

척추 전문의 김정수 박사는 "한 살 미만의 아기는 목과 허리 근력이 굉장히 약하기 때문에 충격을 받았을 경우 특히 머리가 굉장히 심하게 흔들려 셰이큰베이비증후군(흔들린 아이 증후군)이 생길 수 있다"며 "카시트를 신생아용, 유아용, 아동용으로 나눠서 사용하는 게 굉장히 중요하다"고 설명했다.

아이 연령, 체중 고려해 단계별 카시트 사용해야

카시트는 아이의 머리부터 몸 전체가 흔들림 없이 고정되는 제품을 사용해야 한다. 아이의 연령과 체중을 고려해 신생아부터 유아, 아동까지 단계별 카시트를 사용하는 것이 가장 안전하다. 그렇다면 신생아용, 유아용, 아동용 카시트는 어떻게 구분해 사용해야 할까?
먼저 신생아용 카시트는 체중의 10% 이상을 차지하는 뇌의 무게를 견딜 수 있도록 신생아의 목과 척추를 완벽히 보호해주는 카시트여야 한다. 특히 후방장착이 가능한 제품인지 확인하고 벨트의 경우도 복부를 압박하지 않고 골반 관절에 무리를 주지 않는 3점식(어깨부터 허리까지 감아주는 방식)을 선택하는 게 좋다.

유아용 카시트는 한창 신제 활동이 활달한 아이들을 고려해 아이의 행동발달에 맞는 다양한 조정과 거부감을 줄이는 편안한 탑승이 가능한 카시트를 선택하는 게 바람직하다. 뷰아들은 호기심이 왕성할 때라 좌석이 높은 제품을 선택해 아이의 시아를 확부해줘야 한다.
아동용 카시트는 아이에게 편안한 승차감을 제공하는지가 관건이다. 안전벨트를 맸을 때 아이가 불편하지 않은지 확인하고 등받이 조절 기능으로 수면 시 편안한 자세를 유지할 수 있는 카시트를 선택해야 한다. 우리나라 카시트는 제품 단계에 따른 약간의 체중 차이를 보이지만 대개 연령별로 신생아, 유아, 아동 등의 단계로 나누어지니, 아이의 성장단계에 맞는 카시트를 선택하면 된다.

Part 16

휴가

무엇보다 아이가 주가 되는
휴가를 계획하라

● 아이를 데리고
모험을 떠나라

남편은 어릴 때 플로리다에 있는 디즈니랜드로 가족 여행을 다녀온 행운아였다. 몇 년간은 남부 해안에서 열리는 어린이 캠프에도 여동생들과 함께 참석했다고 한다. 그런데 남편은 아직도 부모님의 쓸쓸한 한숨이 기억난다고 말한다. 나중에 선생님이나 친구들이 방학 동안 가장 재미있었던 일이 무엇이었냐고 물어보면 그와 여동생들은 하나같이 "헤일링 섬!"이라고 대답했기 때문이다. 디즈니랜드의 온갖 마술과 신기한 구경거리보다 헤일링 섬에서 클럽활동을 하고 저녁이면 다같이 '오락시간'을 즐겼던 소박한 어린이 캠프가 더 기억에 남았던 모양이다.

대다수 부모는 첫 아이를 낳고 얼마 지나지 않아서 자신들이 처한 현실을 깨닫게 된다. 보르네오 섬의 밀림 속을 걸어서 여행하던 날들, 칫솔과 간단한 옷 한 벌만 달랑 가지고 인도네시아를 방랑하던 날들은 이제 끝났다며 슬퍼한다. 아이가 생기면 보모가 동행하는 여행을 가거나 어린이 클럽과 볼풀을 찾아가는 수밖에 없어 보인다.

자, 이 문제를 해결하는 방법은 두 가지가 있다.

첫 번째 방법은 자기 취향과 맞지 않더라도 우아한 태도로 현실을 인정하고 몇 년 동안은 아이들을 위한 시설이 있는 리조트에서 휴가를 보내는 것이다. 이런 곳에서 양동이와 삽을 들고 휴가를 보내면 아이들도 즐거워하고 부모도 조금은 쉴 수 있다.

두 번째 방법은 아기가 있어도 마음먹고 모험을 하는 것이다. 어차피 몽골에도 아이들은 있지 않은가. 과감하게 아기를 데리고 해외여행을 떠나면 부모의 갈망도 충족하고 아이에게도 어릴 때부터 세상을 보는 눈을 넓혀줄 수 있다.

두 가지 중 어떤 선택을 하든 부모가 알아두면 유용한 요령은 많이 있다. 자동차나 비행기 등을 타고 휴가지로 이동하는 과정에 대해서는 이 책의 4장에서 이미 다루었으니 그 부분을 참고하고, 우리 이제부터 어떻게 아이를 데리고 여행을 했는지 경험담이나 들어보자.

아이와 함께 휴가 갈 때 주의해야 할 것들

아이를 데리고 일반적인 가족여행을 떠나는 경우를 먼저 살펴보자. 다음은 가족끼리 오붓한 시간을 보내기 위해 흔히 찾는 휴가지인 바닷가, 야외 캠프장, 놀이공원, 워터파크 등에 갈 때 필요한 팁이다.

● 눈앞에 있는 아이가 주가 되는 여행을 해야 한다. 아이들은 바닷가, 기차, 놀이기구, 수족관을 좋아한다. 자동차로 하는 장거리 여행이나 가이드와 함께 역사적인 기념물을 둘러보는 여행은 별로 좋아하지 않는다. 물론 아이들을 억지로 데리고 다닐 수도 있지만, 아이들이 원하는 대로 해주면 한결 유쾌한 휴가가 된다.

● '가족여행' 이라는 말이 붙어 있다고 해서 무조건 신뢰하지 말자. '가족여행' 이라는 말은 아주 모호한 표현이다. 두 살짜리 아기에게 적합한 여행과 십대 청소년에게 맞는 여행은 다르지 않겠는가? 여행사에서 붙인 문구들은 무시하고 부모가 스스로 현명하게 판단해야 한다. 여행 시간과 편의시설, 아이들의 취향, 여행지의 문화적 환경 등을 고려하자. 아이와 함께 근사한 외식을 하고 싶은가? 그렇다면 식당에서 아이들이 최고 대접을 받을 수 있는 곳을 찾아야 한다. 예를 들어 스페인이나 이탈리아는 모든 식당에서 아이들을 반갑게 맞아주는 문화가 있는 나라들이다. 만약 해외여행을 생각한다면 고려해 볼만한 여행지다.

● 여행지를 정할 때는 아이의 성격도 고려해야 한다. 부모 곁에 꼭
  붙어 있기를 좋아하는 아이에게 날마다 리조트의 놀이방이나 어린
  이 클럽에 혼자 가라고 하면 어떻겠는가?

● 육아 도우미를 데리고 가면 어떨까? 그게 불가능하다면 친척과 함
  께 가는 방법도 있다. 하지만 육아 도우미나 친척들이 어디까지 도
  와줄 수 있는지에 대해서는 미리 의논해야 할 것이다.

● 늦은 시각에 이동을 하거나 밤에 외식을 하러 나갈 때 어린 아이들
  은 샤워를 미리 시키고 잠옷으로 갈아입혀 놓는다. 아이를 여행용
  슬리핑백에 재우면 숙소에 돌아왔을 때 차나 유모차에서 침대로
  옮기기만 하면 되므로 여러모로 편하다.

● 반대로 아이들이 외출복을 입은 채로 잠이 든 경우에는 그대로 침
  대에 눕혀서 재워라. 매일 씻고 갈아입는 옷인데 하루 그냥 잤다고
  해서 무슨 일이 생기지는 않는다. 이건 여행이다. 특히 엄마들은
  쌀끔 떠는 일은 집에서 해주길 바란다.

● 비수기에 휴가를 떠나면 아이와 함께 여행하기가 훨씬 수월하다.
  비수기에는 각종 편의시설에 사람이 적어서 줄을 길게 서지 않고
  도 이용할 수 있다. 대부분의 사람들이 비슷한 시기에 몰리는 유명
  리조트 같은 곳은 비수기에 가서 느긋하게 즐기고 하고싶은 일만
  하다 오자. 성수기에는 시간에 쫓겨 기다리고 대기하다가 여행을

망치는 경우도 많다. 아이들은 한적한 곳에서 뛰어다니게 내버려
두고 느긋하게 바라보면서 칵테일이나 마시자.

● 아이를 어떻게 재울지, 아이가 잠든 후에 무엇을 할지에 관해 미리
계획을 세우자. 가령 육아 도우미를 쓸 생각이 없는데 아이가 저녁
7시쯤 잠이 든다면 나머지 밤 시간은 어떻게 보낼 것인가? 우리는
보통 음식을 포장해서 가져가기 때문에, 숙소 밖에 와인과 아기 모
니터를 올려놓고 앉아서 식사를 즐길 공간이 있는지 반드시 확인
한다. 캐런이라는 나의 친구는 작은 호텔방에 묵은 적이 있는데,
남편과 함께 옷장에 숨어서 아들 톰이 잠들 때까지 기다렸다고 한
다. 마침내 옷장에서 빠져나온 부부는 아이를 깨울까봐 조용히 책
을 읽고 속삭이는 소리로 대화를 주고받으며 밤을 보냈다. 나의 친
구 재키는 항상 바다가 보이는 방으로 예약을 해서 딸 에스메가 낮
잠을 자는 동안 남편 피터와 함께 발코니에서 일광욕을 즐긴다고
한다.

● 너무 무리하지 말자. 계획을 세울 때는 무조건 긴 휴가가 매력적으
로 느껴진다. 하지만 어린 아이들을 일일이 따라다니며 돌보아야
하는 처지라면 긴 휴가보다는 짧지만 즐거운 휴가가 낫다.

● 다른 가족과 붙어 있는 숙소에 머무르는 것도 좋은 방법이다. 아이
들이 다른 집 아이들과 놀면서 재미있게 지내니 부모는 마음 놓고
휴식을 취할 수 있다.

여행 좋아하는 가족들의 조언

조슈아(8세), 아서(5세), 메이벨(3세)의 아빠 폴

"해외여행이 반드시 어렵다고 단정 짓지는 마세요. 한참 동안 차를 몰아 국도 끝으로 가는 것보다 스페인이나 발레아레스 군도로 가는 짧은 비행기 여행이 더 쉽습니다. 아이들은 공항에 가서 비행기를 타거나 택시를 타면 특별하다고 느끼지만 자동차는 평소에도 타고 다니던 거라 별로 즐거워하지 않아요."

에밀리(2세)의 아빠 리처드

"캠프를 하는 곳이나 행사가 많은 리조트에 예약을 할 때는 방이나 숙소의 위치를 정확히 물어보세요. 지난번에는 저녁마다 라이브 카바레와 디스코 파티가 열리는 광장 바로 옆에 우리 방이 있어서 에밀리를 재우기가 정말 힘들었습니다. 리조트에 이야기해서 결국 광장과 멀리 떨어진 방으로 옮기긴 했지만, 미리 확인할 걸 그랬다는 생각이 들더군요."

빌리(4세), 조지(2세), 딜란(갓난아기)의 엄마 헬렌

"연애시절이나 아이가 없었을 때는 절대로 가시 않았던 장소에 가보세요. 가족 휴양용 호텔이 얼마나 좋은데요. 아기용 풀장만 있어도 부모가 정말 편해진답니다."

아이가 못 먹을까봐
여행을 못 간다는 핑계

어떤 사람들은 음식과 음료수 때문에 해외로 가족여행을 가지 않으려 한다. 하지만 어린 아이들은 의외로 평소와 다른 '특별한' 음식을 맛보는 일을 굉장히 좋아한다. 집에서는 절대 먹지 않겠다고 골라내던 것들도 새롭고 신나는 장소에서는 기꺼이 도전한다. 최근에 프랑스 여행을 갔을 때 에비가 홍합요리 한 그릇을 자기 몫으로 주문하더니 살을 솜씨 좋게 발라내 맛있게 먹는 걸 보고 우리는 어안이 벙벙했다. 그 전까지 해산물이라고는 냉동 생선스틱밖에 먹지 않던 아이가 저럴 수 있다니!

그러니 속는 셈치고 한번 가보자. 참고로 말하자면 의심 많은 세 살짜리 아이에게는 알지도 못하는 음식을 한 접시 가득 주기보다 한 입에 쏙 들어가게 조금씩 주어야 성공할 확률이 높다.

부모들이 이야기하는 성공률이 높은 음식

- 스페인의 타파(스페인식 전채요리-옮긴이), 토티야, 미트볼과 파에야 (프라이팬에 쌀과 고기, 해산물 등을 함께 볶은 스페인의 전통요리-옮긴이)
- 그리스의 무사카(얇게 썬 가지와 다진 고기를 켜켜이 놓고 맨 위에 치즈를 얹은 그리스 요리-옮긴이)와 수블라키(꼬치구이)
- 프랑스의 크로크 무슈(프랑스식 샌드위치-옮긴이)와 소시지
- 대만의 국수 요리
- 코르시카나 그리스, 포르투갈의 구운 닭고기나 생선 튀김
- 지중해 일대의 피시커터(생선을 갈아서 번빵 안에 넣은 요리-옮긴이)와 라이스

모유를 먹는 어린 아기를 데리고 여행할 때는 박테리아나 오염된 음식에 신경을 쓰지 않아도 되므로 상대적으로 편하다. 이 경우 음식과 음료에는 제한이 없고, 아기띠와 모자와 선크림만 잘 챙겨 가면 된다.

어느 정도 큰 아이를 데리고 여행할 때는 부모의 긍정적인 태도가 매우 중요하다. 이걸 먹어라 저걸 먹어라 하고 스트레스를 주면 아이들은 잘 먹지 않는다. 설사 일주일 동안 빵과 치즈와 아이스크림만 먹고 산다 해도 당장 세상이 끝나는 건 아니니까 너무 걱정하지 말자. 아이들이 물을 충분히 마시는지만 확인하자. 끓인 물을 담은 보온병 또는 시판 생수를 어디든 가지고 다니고, 물이 없을 때는 유명 상표가 붙

어 있는 탄산음료를 주자. 평소에 집에서는 탄산음료를 먹이지 않더라도, 병에 담긴 음료수는 엄격한 기준에 따라 제조되기 때문에 임시방편으로 주기에는 안전하다.

또한 전혀 새로운 음식에 적응을 못하는 경우도 대비해야 한다. 집에서 먹는 일상식을 데우기만 하면 되는 레토르트 포장으로 몇 개 준비하자. 비상식이니만큼 부모가 먹을 양까지 넉넉하게 준비할 필요는 없다.

아이가 좋아하는 간식이나 씨리얼 바, 캔디류, 비스킷 류 등을 박스는 빼고 소량포장으로 몇 개씩만 아이 배낭에 넣어두자. 간혹 우유나 물이 맞지 않아 배앓이를 하는 경우가 있으니 분말을 조금 포장하는 것도 도움이 된다. 우유 대신 아기 때 먹던 분유, 곡물가루, 견과류, 야채밀 등이 1회용으로 스틱으로 포장이 되어 있는 제품들이 있다. 멀리 원거리 여행이나 여행 시일이 긴 경우에는 이런 제품들이 도움이 된다. 어디서든 물을 끓여서 붓고 식혀서 주면 차처럼 마시면서 에너지가 공급되니까. 부모들의 1회용 티백을 챙기듯 챙겨놓자.

● 색다른
　가족여행은
　어떨까?

'어린이를 위한' 시설이 있는 곳으로 가는 평범한 여행을 거부하고 쉽든 어렵든 간에 색다른 여행을 하기로 결정했다면? 스페인이나 그리스의 이름난 휴양지가 아닌 곳으로 아이들을 데리고 여행하려면 용감무쌍한 모험가가 되어야만 하는 걸까? 그렇지 않다고 말하는 부모들이 생각보다 많다.

리사와 남편 제임스는 딸 피온(2세)을 데리고 미국의 요세미티와 세콰이어 국립공원에서 휴가를 보낼 계획이라고 한다.

"새로운 시도를 하려면 아이들이 어릴 때 하세요. 어린 아이들은 뭐든지 열린 마음으로 받아들이거든요. 우리는 걷기를 좋아한답니다. 샌프란시스코까지 비행기를 타고 가서 예약해둔 사륜구동 차를 타고 공원을 가로지를 예정이에요. 등산로에서는 피온을 등에 업고 가려고 해요. 이동하는 길에 묵으려고 숙소를 몇 군데 예약했죠. 하지만 일정은 상당히 여유롭게 잡았답니다."

세 아이의 엄마인 헬렌도 어린 아이들과 함께하는 장거리 여행이 생각보다 괜찮다고 이야기한다.

"작년에 아이가 둘이었을 때 플로리다에 갔어요. 첫째는 세 살, 둘째는 거의 돌이 될 무렵이었죠. 다른 가족과 동행했는데 우리 아이들이 너무 어려서 내심 걱정하고 있었어요. 그런데 어린 아이들이어서 더 좋은 점도 있더군요. 그 나이에는 아이들이 곰돌이 푸우와 백설공주가 진짜라고 믿으니까요. 아이들이 얼마나 좋아했는지 몰라요."

리암(4세), 키란(8개월)의 부모인 닉과 휴도 이색 휴가여행을 자주 다니는 사람들이다. 원래 여행을 즐겼던 그들은 아이들이 태어났다고 해서 여행을 가지 못할 이유가 없다는 생각이다. 그들은 리암이 걸음마를 시작할 무렵 일본 여행을 갔다가 놀라운 경험을 했다고 말한다.

"정말 놀라웠어요. 12시간 비행하는 동안 리암은 잠깐밖에 자지 못했는데 그게 시차 적응에 도움이 되었나 봐요. 우리보다 적응을 더 잘 하더라니까요. 처음에는 우유가 문제였어요. 아이가 일본 우유의 맛을 싫어했거든요. 그런데 도쿄 호텔의 자동판매기에서 향이 들어간 우유를 사줬더니 아이가 그걸 사러 가는 걸 너무 좋아하더라구요. 게다가 아이들이 시내 곳곳을 구경하는 걸 즐거워했어요. 일본인들이 관심을 많이 보여줘서 더 그랬을 겁니다. 금발의 아이가 돌아다니니까 사람들이 저마다 선물을 주고 사진을 찍고 야단법석이었거든요. 우리는 신칸센(일본 고속철도)을 타고 돌아다녔는데, 한번은 리암 덕택에 정말 굉장한 사진을 찍을 기회를 얻었어요. 기차역에서 일본 기생인 게이샤들이 보호자들과 같이 걸어가고 있더군요. 저는 왠지 쑥스러워서 사진을 찍어도 되겠느냐는 말도 못했는데, 리암과 같이 다가갔더니 게이샤들이 기꺼이 포즈를 취해주지 뭐예요. 나중에 리암은 게이샤 누나들에게 둘러싸여 찍은 사진을 친구들에게 보여주며 자랑할 수 있을 거예요."

닉과 휴의 일본여행에서 곤란했던 점은 딱 하나, 기저귀였다고 한다. "일본 아이들은 체격이 훨씬 작잖아요. 우리는 아이에게 작은 기저귀를 채우고 버텨야 했어요. 하루는 손짓 발짓을 동원해서 제가 요실금 팬티를 사려고 한다는 의사를 전달한 끝에 큰 사이즈를 찾아냈어요."

과감한 모험을 할 때는 여유롭고 긍정적인 자세를 가지는 게 최고의 요령인 듯하다. 나처럼 가까운 곳으로 떠날 때도 '혹시나' 하는 마음에 여섯 개의 여행가방에 물건들을 꽉꽉 채워 가는 사람은 아이들이 더 자랄 때까지 기다려야 할지도 모른다. 하지만 부모가 순발력 있게 상황에 대처하기만 한다면 색다른 여행은 아이들에게도 정말 소중한 기억으로 남을 것이다.

올해 닉과 휴는 캐나다로 휴가를 떠날 예정이라고 한다. "캘거리까지 비행기로 가서 캠핑카를 타고 돌아다닐 거예요. 일정을 대강 짜놓기는 했지만 구체적인 계획은 없어요. 밴프나 재스퍼 같은 국립공원에 갈 생각인데 키란을 어디서 재울지도 아직 확실히 정하지 못했네요. 캠핑카에는 요람이나 이동식 아기침대를 놓을 공간이 없거든요. 그래도 어디 편안한 곳에 임시 침대를 만들어주면 괜찮을 거예요."

그렇다. 괜찮을 것이다. 부모인 닉이 책임지고 아이를 돌볼 테니까. 나도 그녀를 본받으려고 열심히 노력하는 중이다. 적어도 다음 번 가족여행 때는 온 집안의 살림살이를 다 싸들고 떠나지는 않을 생각이다.

“

아이들은 자신이 처한 현실을
부모를 통해 알게 된다. 부모들이 새로운 거리와
새로운 음식에 흥분하고 즐거워하면
아이도 덩달아 신난다. 매년 가던
해변이나 산 말고, 매년 가보고 싶었고
해보고 싶었던 것을 시도하자.

”

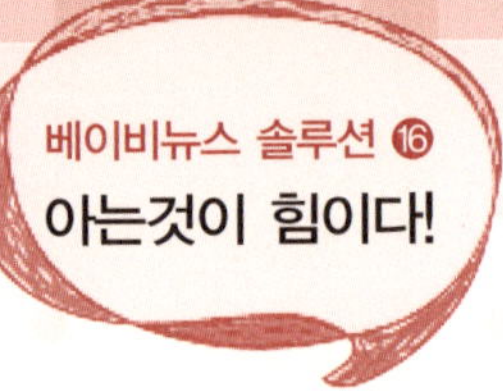

엄마가 행복한 여행은 아이를 춤추게 만든다
전은주 작가가 전하는 아이와 함께 한 여행이야기

지루한 일상을 벗어나 휴식을 취하고 몸과 마음을 충전하고 싶을 때 우리는 여행을 떠난다. 여행은 삶을 살아가게 하는 큰 힘이 되기에 많은 이들이 여행을 희망하고 꿈꾸며 살아간다. 하지만 결혼을 하고 아이를 낳고 키우면 '여행은 더 이상 못하는 것'이라고 포기해 버린다. 쉬고 충전하는 여행인데, 아이를 데리고 어떻게 여행을 가겠느냐는 두려움 때문이다. 〈제주도에서 아이들과 한 달 살기〉의 저자인 전은주 작가도 그랬다. 결혼을 한 뒤 두 아이를 낳고 키우며 더 이상의 여행은 힘들겠다고 단념했다. 아이와의 여행은 여행이 아니라고 생각했던 그, 이제는 아이와의 여행을 통해 진짜 여행을 알아가고 있다.

아이는 여행의 소중한 파트너

전 작가의 꿈은 세계여행이었다. 결혼 전 세계 방방곡곡으로 배낭여행을 떠나던 '여행홀릭'인 그가 아이들 때문에 여행을 가지 못한다는 현실은 버겁기만 했다. 전 작가는 "문득 '아이를 데리고 여행 못 간다고 누가 말했나' 싶었다. 솔로로 배낭여행 다닐 때와의 여행 스타일은 달라지지만 여행이 달라지진 않았다. 내 꿈을 버리지 않아도 되겠구나 생각했다"고 회상했다.

아이들을 돌보면서도 여행계획을 세우던 전 작가는 아이들이 초등학교 2학년, 5살이 되던 여름, 제주도에서 한 달 간 생활하며 아이들과의 진짜 여행을 떠났다.

"아이를 키우면서 생긴 꿈은 '뜨거운 커피 마시기'"였다. 커피 먹으려고 하면 아이들이 '엄마 엄마' 찾으니, 아이들 챙기고 늘 식어빠진 설탕물을 먹어야 했다. 하지만 제주도에서는 바다를 보면서 커피를 마실 수 있었다."

여행은 아이와 엄마 모두를 행복하게 했다. 아이들과 다니는 여행은 또 다른 즐거움이 가득했다. 바쁘게 돌아다니며 꼭 무언가를 보려하지 않아도 아이들의 시선에서 더 소중한 것들을 찾을 수 있었다. 시간이 날 때면 틈틈이 여행을 떠나는 전 작가와 아이들. 뉴욕, 뉴질랜드, 프랑스 등에서 새로운 추억을 만들어왔다. 남편은 휴가 날짜에 맞춰 부분 여행에 참여했다.

전 작가는 "아이는 방해자가 아닌 여행의 파트너가 됐다. 여행 중에 웃는 아이를 보면 여행하길 참 잘했구나 싶다"며 "휴가를 길게 내지 못하는 남편은 부분적으로라도 여행에 동참하면 된다"고 귀띔했다.

엄마가 고르고 아이가 선택하게 하라

하나 더 중요한 건 여행을 쉽게 하려면 엄마가 정하되, 아이에게 선택권을 주는 것이다. 전 작가는 "엄마가 '어기 가자'로 정하는 게 아니라 먼저 엄마 취향대로 몇 곳을 정한 뒤 아이에게 고르라고 하면 아이는 자기가 골라서 간 줄 안다"며 "아이는 자기가 고른 선택이기 때문에 굉장히 잘 놀게 된다"고 전헷디. 또한 전 작가는 "여행계획은 솔로의 반만 잡고 실행의 계획은 반만 하면서 느긋하게 다녀야 한다"며 "'우리끼리 간다'는 생각으로 SNS는 하지 않는 게 좋다"고 전했다.

마지막으로 전 작가는 "여행을 하면서 행복한 웃음을 갖고 달려오는 아이를 보면 정말 힐링되는 느낌을 받는다. 엄마 아빠가 즐거운 여행이라면 아이가 아무리 어려도, 또 유별나도 충분히 유익한 여행을 만들 수 있을 것"이라고 말했다.

Part **17**

홀로서기

처음 유치원에 간 날
우는 엄마는 되지 마라

● 드디어 아이가 단체생활을 시작합니다

지금까지 아이를 재우고 먹이는 어려움과 싸우고, 용감하게 배변훈련을 시키는가 하면 떼쓰는 아이를 달래기도 하고, 여행의 공포와도 싸웠다. 이제 우리는 개인용 비행기를 전세 내어 유아용품으로 가득 채우지 않고도 아이를 데리고 해외로 나갈 수 있게 되었다.

이제는 아이들을 매주 정해진 날, 정해진 시간마다 유치원에 보내야 할 때가 왔다. 이쯤 되면 부모는 완전히 지쳐버린 몸으로 축하 플래카드라도 내걸고 싶어진다.

그러다가도 부모의 머릿속에서는 갑자기 이상한 일이 벌어진다. 아이를 처음으로 혼자 세상에 내보낼 때가 진짜로 찾아오면 부모들은 죄책감과 불안에 덜덜 떤다.

여기서 모든 종류의 취학 전 교육기관에 대해 자세히 설명할 의도는 없다. 우리나라만 해도 지역을 막론하고 30개월 또는 그 이후의 아동을 위한 취학 전 교육이 광범위하게 이루어지고 있지 않은가.

어떤 유치원에서는 입학 첫해에는 놀이에 중점을 두고, 이듬해부터는 정식 유치원이나 어린이집과 비슷한 환경으로 전환하며, 학교에 입학하기 직전에는 예비과정을 운영한다. 어떤 유치원에서는 만 2세에서 5세까지의 아이들을 똑같은 환경에서 돌본다. 어린이집 같은 놀이방이 있는가 하면 유치원 같은 어린이집도 있다. 오전에만 문을 여는 곳도 있고 오후까지 아이를 봐주는 곳도 있다.

아이를 어떤 유치원이나 어린이집에 보내야 한다는 법률 조항은 없다. 만 5세쯤인 아이가 어딘가에 다니고만 있으면 괜찮다. 대다수 부모들은 만 5세 전에도 아이를 집에서 약간 떨어뜨려 놓는 게 아이가 자신감을 기르고 자아를 확립하는 매우 긍정적인 기회라고 생각한다. 특히 손이 많이 가는 어린 동생이 있거나 직장에서 과로에 시달리는 부모에게는 아이를 어린이집에 보내는 일이 필수다.

부모는 마음을 단단히 먹고, 아기들을 늦시 밖으로 실짝 밀어낼 준비를 한다. 하지만 이는 참으로 어려운 일이다. 아이들보다 부모가 더 힘들지도 모른다. 아이들이 자유를 향해 첫 발을 내딛는 과정을 수월하게 하려면 어떻게 해야 할까?

아이의
첫 사회생활
준비하기

처음 어린이집이나 유치원에 가는 날에 대비해서 몇 주 전부터 아이와 이야기를 나누자.(너무 일찍부터 이야기하지는 말자. 아이들의 시간은 느리게 흐른다.) 다음과 같은 방법들도 괜찮다.

- '다수의 힘'을 생각하자. 집과 가까운 어린이집이나 유치원이라면 동네 아이들도 같은 시기에 가게 되므로 친숙한 얼굴이 많을 것이다. 조지(4세)의 엄마 니키는 동네의 아이들을 돌봐주는 일을 하고 있다. "조지의 놀이방과 같은 동네에 있는 엄마-아기 모임에 나갔던 게 큰 도움이 됐어요. 동네 아이들이 '순서대로' 유치원에 가고 있어서 조지가 아는 형이나 누나들이 먼저 가는 걸 볼 수 있거든요. 언젠가 자기 순서가 오리라는 걸 아이들이 알고 있으니 학교 보내기가 수월하죠. 조지는 지금 어린이집에 다니고 있어요. 오늘

은 '난 이제 어린이집에 가기 싫어요. 학교에 빨리 가고 싶어요'라고 말하더군요."

● 같은 유치원에 다니게 될 아이와 플레이 데이트를 하자. 그 아이의 부모와 이야기해서 아이들에게 미리 연습을 시켜주기로 하자. 지난 해 딸을 유치원에 보낸 아빠 피터가 이 방법을 썼다고 한다. "재키는 에스메와 플레이 데이트를 했습니다. 재키는 둘이 같이 유치원에 가는 걸 신나는 모험처럼 생각했어요. 에스메에게도 처음 몇 주 동안 자신감을 심어줄 친구가 생긴 셈이었죠."

● 아이를 보내는 첫날에는 머뭇거리지 말아야 한다. 아이를 화장실에 데려간다거나 자리를 찾아준다거나 하는 식으로 이유가 있을 때만 들어갔다가 바로 나와야 한다. 눈물이 나면(내가 그랬다) 밖에 나와서 아이가 보지 못하는 곳에서 울자.

● 아이들이 아침에 자기 가방을 스스로 챙기게 하자. 이렇게 하면 아이는 자기가 다 컸다고 생각하게 되고 낮 동안 자기 물건이 어디 있는지 찾기도 쉽다. 모든 물건에 이름을 써주는 일은 반드시 필요하다.

● 아이들이 꼭 껴안고 안정할 수 있는 장난감 하나를 '과도기를 위한 물건'으로 가져가게 하면 어떨까? 하지만 어떤 유치원에서는 아이들이 저마다 보물을 가져와서 잃어버리거나 서로 싸운다는 이유로

이를 허락하지 않는다. 우리는 이 기회를 이용해서 에비에게 이제 '유치원에 가는 큰 아이'가 돼서 바쁠 테니 파란 곰을 집에 두고 가라고 했다. 요즘 파란 곰은 현관 문 앞이나 에비의 카시트에 앉아서 에비가 돌아오기를 기다린다.

● 부모가 시야에서
사라졌을 때
아이의 행동을
지켜보자

아무리 준비를 잘 했더라도 막상 아이들을 보내는 첫날이 오면 부모는 마음이 너무나 불안해진다.

부모가 교사들을 방해하지 않으려면 머리를 잘 써야 한다. 건물에 투명한 유리창이 있다면 슬쩍 안을 들여다보아도 좋다. 아니면 부모와 이야기하길 즐기는 교사와 직원들로부터 '내부 정보'를 얻어내자. 사실 엄마가 갈 때 울고불고 하던 아이들도 일단 엄마가 눈에 보이지 않게 되면 곧 마음을 가라앉히고 다른 아이들과 어울려 수다를 떨기나 장난감을 가지고 놀게 마련이다.

그러니 아이를 잘 관찰해 보자. 엄마가 없다고 생각할 때의 아이 모습을 지켜보거나, 아이를 진정시키는 데 얼마나 걸렸는지 유치원 선생님에게 물어보자. 어떤 훌륭한 유치원에서는 새로 아이를 보낸 부모가 집에 돌아간 지 30분 만에 전화를 걸어 아이들이 잘 있다고 말해주기도 한다. 여기서 주의할 사항이 하나 있다. 어떤 아이들은 일종의 '이중적인 허세'를 부린다. 처음에는 어린이집에서 놀랍도록 잘 지내다가 며칠, 혹은 몇 주일 후에는 가기 싫다고 부모에게 매달리거나 짜증을 낸다. 어린이집에 며칠만 가면 되는 게 아니라 계속 가야 한다는 사실을 문득 깨달았기 때문이다. 어린이집에 가는 것이 자기가 정말 원하는 일인지도 확실하지 않을 것이다. 이럴 때는 며칠 동안 그냥 놓아두면 괜찮아진다.

조지는 처음 놀이방에 갔을 때는 적응을 참 잘 했다. 엄마가 아기 돌보는 일을 하기 때문에 조지는 아는 얼굴이 많았다. 조지는 첫주에는 아주 잘 지냈는데, 엄마가 가버리면 자기는 그곳에 남아야 한다는 사실을 갑자기 깨달았던 건지 둘째 주에는 엄마에게 많이 매달렸다.

조지의 엄마는 아이들의 그런 행동이 엄마에게 보여주는 쇼라고 생각한다. 그녀가 돌보는 아이들도 모두 얼마 동안은 떼를 쓰지만 문이 닫히고 엄마가 가버리고 나면 바로 괜찮아지니까. 소리 지르고 우는 아이를 떼어놓기가 아무리 힘들어도 아이를 두고 바로 밖으로 나가는 게 가장 좋다고 니키는 조언한다.

잭(7세)의 엄마이자 놀이방 선생님인 린도 비슷한 의견이다. "엄마나 아빠와 헤어질 때 아이들은 원숭이나 다름없는 모습을 보여요. 그

건 부모를 위한 쇼랍니다. 부모가 시야에서 사라지면 아이들은 바로 차분해져요. 놀이방에 온 지 며칠밖에 안 된 아이들도 그래요."

아이들에게는 부모와 헤어지는 그 순간이 가장 어렵다. 일단 엄마나 아빠가 가고 나면 괜찮아진다. 아이가 난리를 피운다고 해서 같이 있는 시간을 질질 끄는 건 부모의 의도와는 달리 가장 잔인한 행동이다. 자리를 뜨기가 아무리 어려워도 아이에게 뽀뽀하고(아이가 소리를 지르더라도) 잘 있으라고 말하고 가버리는 게 훨씬 친절한 행동이다.

아이가 요즘 무엇을 가장 좋아하는지 유치원 선생님들에게 알려주는 것도 좋은 방법이다. 그러면 아이가 뾰로통한 상태로 있을 때 선생님들이 요정, 불자동차, 공룡, 보들보들한 토끼 같은 것들을 이용해 달랠 수 있다. 엄마가 알려주는 '내부 정보'인 셈이다.

쌍둥이의 부모들은 아이들이 서로에게만 의존하게 될까봐, 그리고 선생님들과 또래 친구들이 두 아이를 구별하지 못할까봐 걱정한다. 일란성 쌍둥이의 경우에는 문제가 더 심각할 수 있다. 때때로 한 명은 집에 두고 한 명만 유치원에 보내는 특별한 날을 만들어 보자.

● 유치원 선생님과 자주 대화하자

아이가 유치원이나 어린이집에 다니게 되면 부모는 아이에게 자신의 영향력이 미치지 못하는 새로운 생활영역이 생긴 것처럼 느끼기 쉽다. 소중한 아이의 일거수일투족을 관찰하고 통제해왔던 부모에게는 더할 나위 없이 불안한 일이다.

하지만 더 이상 아이에게 관여하지 못하게 됐다고 생각할 필요는 없다. 사실은 부모가 아이의 유치원 생활에 관심을 가지고 관여를 많이 할수록 더 좋다.

● 유치원 선생님들과 이야기를 나누면서 앞으로 아이가 겪게 될 일들에 대해 되도록 많이 알아두자. 괜찮은 유치원이라면 부모에게 다른 아이들의 작품과 시간표와 활동을 보여주면서 열심히 설명해

줄 것이다.

● 매 학기 수업에서 어떤 분야, 혹은 어떤 주제를 다루는지 알아두면
  좋다. 괜찮은 유치원에서는 간략한 소식지를 보내주기도 한다. 예
  컨대 유치원에서 운송수단, 동물의 생활주기, 날씨 등에 관해 공부
  한다면 집에서도 거기에 맞는 놀이를 해보자. 그러면 아이가 지식
  을 실생활에 적용시키는 데 도움이 된다.

● 유치원 선생님들에게 친절하게 대하자. 대다수 유치원들은 부모들
  이 임원 역할을 하거나 필요에 따라 그때그때 도와주기를 원한다.
  부정적인 의미로 해석될 수도 있겠지만, 유치원에서 바자회를 열
  때 가판대를 운영하거나, 빵을 구워 가거나, 행사용 천막 치는 일
  을 거들며 열성적으로 참여하는 부모는 자기 아이가 유치원 생활
  을 잘 하고 있는지 아닌지를 금방 알게 된다.

● 유치원은 보육이 아니라 '교육' 이 시작되는 곳이다

아이가 유치원에서 날마다 직면하는 현실을 어떻게 하면 더 쉽게 헤쳐 나갈 수 있을지도 생각해보자. 바지 지퍼 올리기나 자기 외투 찾기와 같은 간단한 일도 아이들에게는 엄청난 짐일지 모른다. 장난감을 다른 아이들과 나눠 쓰거나 친구를 사귀는 일은 아이가 유치원에서 알아서 해야 하겠지만, 엄마가 작은 일을 도와주면 큰 일을 잘 해낼 가능성도 높아지므로 자연히 유치원 생활이 즐거워진다.

아이의 유치원 생활을 도와주는 요령

● 시각적인 보조자료를 활용하자. 에비의 유치원에서는 아이의 이름이 적혀 있는 사진을 이름표처럼 쓴다. 에비는 매일 유치원에 가면 자기 이름과 첫 알파벳이 같은 코끼리의 사진을 찾아서 작은 나무에 걸어둔다. 유치원에서는 이런 방법으로 아이들의 출석 여부를

한눈에 확인하고, 아이들이 앉을 자리를 표시할 때도 사진과 이름을 활용한다. 부모들도 이런 아이디어를 활용할 수 있다. 아주 어린 아이들에게는 모든 이름이 똑같아 보일 것이다. 이럴 때는 물건에 아이 이름을 쓰고 옆에다 웃는 얼굴이나 별, 나비 따위의 작은 문양을 그려 알아보기 쉽게 해주자.

● 아이가 늘 안고 지내는 인형을 유치원에 가져가기를 원한다면(그리고 유치원에서 인형을 가져와도 좋다고 허락한다면) 잘 보이도록 이름을 써주자. 겨우 두 살인 에밀리는 자기 인형 '빈티'를 데려가고 싶어했다.

에밀리(2세)의 아빠 리처드는 그 인형이 없으면 에밀리가 잠을 못 자는데 그걸 괜히 가져갔다가 잃어버릴까봐 걱정했다. 그래서 작은 이름표에다 전화번호와 '에밀리의 빈티'라는 글을 새겨서 박음질로 인형에게 달아줬다.

● 단추가 많거나 거추장스러운 벨트가 달린 옷은 절대 입히지 말자. 고무줄로 조이는 옷을 입히고 신발도 찍찍이가 달린 걸로 신겨주자.

아이들이 유치원에 가면 부모들도 새로운 세계로 들어간다는 점을 알아두시라. 여기서 새로운 세계란 바로 경쟁하는 부모들의 세계이다. 그 동안 엄마-아이 모임에서 서로의 아이들이 초콜릿 과자를 얼마나 잘 잡는지, 찰흙으로 괴물을 얼마나 잘 만드는지 비교하면서 마음이 불편했을 테지만 이제는 그보다 더한 경쟁이 펼쳐진다.

모든 부모는 자기 아이가 반에서 가장 인물 좋고, 가장 똑똑하고, 남을 잘 배려하고, 창의적이고 인기도 많은 아이일 거라고 믿는다. 불행히도 그런 예측이 항상 맞지는 않는다. 언젠가는 우리 아이가 입에 담기조차 거북한 일을 저질렀다는 소식도 듣게 된다. 장난감 집 안에 오줌을 쌌다거나, 다른 아이에게 선명한 이빨 자국을 남겼다거나, 단체 놀이를 하기 싫다고 소리를 고래고래 질러대서 이웃이 경찰을 부른다고 항의했다거나. 이런 이야기를 처음 들으면 부모는 본능적으로 부인하게 된다. 그 다음에는 변명을 늘어놓는다. 우리 아이가요? 설마요. 절대 아니에요. 정말 그랬다 해도 같은 반에 있는 못된 아이가 시켜서 그랬을 거예요.

세상에 완벽한 아이는 없다. 아이가 완벽하다면 어딘가 이상한 것이다. 아이들은 배우기 위해 어린이집이나 유치원에 간다. 그러니 교사들이 아이가 바람직하지 않은 행동을 했다고 말하면 일단 믿어야 한다. 집에서 아이와 대화를 해보고, 유치원 교사들과는 힘을 합쳐서 문제를 해결하자. 유치원 교사들은 수많은 아이들을 보면서 경험을 쌓은 사람들이니 그들을 믿어주자.

아이가 처음으로 연극의 배역을 맡았을 때, 서툴게 만든 어버이날 카드를 처음 가져왔을 때, 가르쳐주지도 않은 노래를 외워서 부를 때면 부모는 아이를 처음 유치원에 보낸 날보다 더 울음이 복받칠지도 모른다. 그러면 아이는 눈을 치켜뜨고 자기도 이제 다 컸다는 듯한 말투로 "아, 엄마, 그만!"이라고 외칠 것이다.

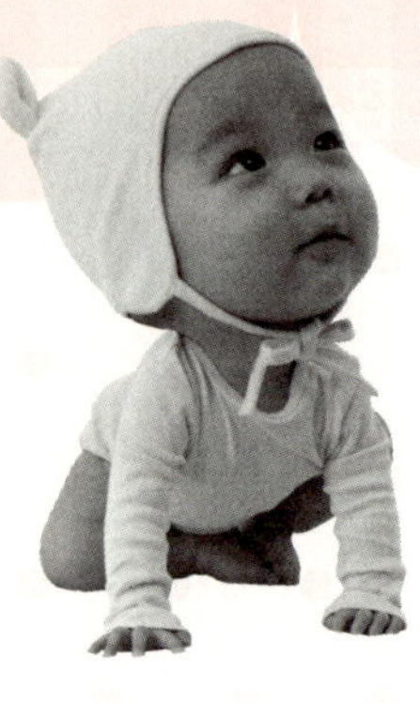
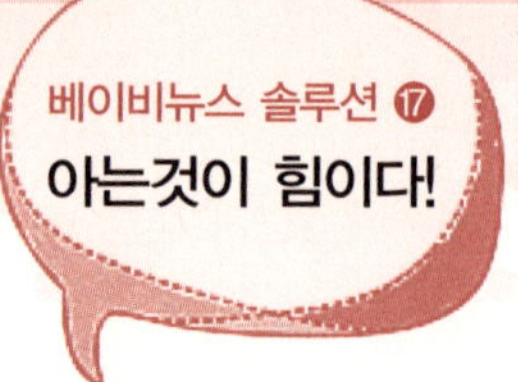

또래와 어울리지 않는 아이, 괜찮을까
부모와 즐겁게 노는 경험 만들고 자존감 키워줘야

5살 아이를 둔 엄마 A씨는 다음 달부터 아이를 어린이집에 보내기로 결정했지만 벌써부터 마음이 놓이지 않는다. 아이가 낯선 어린이집 환경에서 잘 적응할지 걱정되기 때문이다. A씨는 "놀이터에 가도 얌전한 편이라 어린이집에서 또래 친구들과 잘 어울릴지 걱정된다. 우리 아이만 적응하지 못하고 혼자 놀면 어떡하나 싶다"고 토로했다.

아이를 처음 어린이집에 보내는 엄마라면 한번쯤은 A씨 같은 고민에 빠진다. 아이의 첫 사회생활인 어린이집에서 적응하지 못한다면 성장해서도 사회성이 떨어지지 않을까 하는 더 깊은 생각도 한다.

당장 어린이집에 적응시켜야 하는 상황에서 이런 고민만 하는 건 부모나 아이 모두에게 좋지 않을 수 있다. 〈대한민국 어린이집〉(유주연 · 이세라피나 · 전가일 저, 르네상스)에서는 아이가 어린이집에서 친구들과 잘 어울리지 못한다는 생각이 든다면, 어린이집에 문제가 있거나 아이의 사회성에 문제가 있다고 생각하기 전에 다양한 부분을 먼저 고려해야 한다고 조언한다.

혼자 노는 영아기 아이, 자연스런 현상

두 돌이 되지 않은 영아기 아이들은 또래 간에 활발한 상호작용이 일어나지 않는다. 한 공간에 두 친구가 같이 있어도, 같은 장난감을 가지고 놀아도 따로 논다는 말이다.

놀이 이론에서는 이러한 현상을 병행놀이라고 한다. 이는 영아기 아이에게는 자연스런 일이다. 아직 영아기라면 어린이집에서 또래들과 활발하게 어울리지 않더라도 걱정할 필요는 없다.

아이의 기질을 파악하자

무엇보다 아이의 기질을 파악하는 게 중요하다. 기질적으로 대인지향적인 아이들은 사람들과 관계 맺기를 즐기고 그런 활동을 좋아한다. 반면 대물지향적인 아이들은 사람보다는 장난감, 실험도구 등의 물건에 관심을 둔다. 둘 중 어느 쪽이 좋고 나쁘다고 할 순 없다. 단지 아이의 성향의 문제로 바라보면 된다. 대물지향적인 아이들은 물건을 조작하면서 친구들과 상호작용을 통해 얻는 즐거움을 얻고 세계를 탐색하며 과학적인 사고를 키운다. 내 아이가 모든 친구들과 다 같이 어울리길 바라는 마음은 부모의 욕심일 뿐이다. 괜히 조바심내서 억지로 아이를 많은 아이들과 놀게 유도하거나 조언하지 말자.

성인처럼 개개인마다 사귀는 방식 달라

내 아이가 친구들과 잘 어울리길 바라는 마음은 어느 부모나 똑같다. 하지만 성인의 경우를 봐도 여러 친구들과 활발하게 교류하는 사람이 있는 반면 한 두 명의 친구와 깊은 우정을 나누는 사람도 있다.
이처럼 아이들도 친구를 사귀는데 나름대로의 방식이 있다는 것이다. 어떤 아이들은 짧은 시간 여러 친구들과 어울리지만 어떤 아이들은 한 명의 친구와 논다. 이는 아이 개개인마다 사귀는 방식이 달라서 나타나는 현상일 뿐, 사회성 결여 문제로 볼 필요는 없다.

가정에서 부모와 즐겁게 노는 경험 만들어야

아이가 여섯 살이 넘고 특별히 대물지향적인 성향이 아닌데도 친구를 사귀지 못하고 혼자 논다면 담임교사에게 적극적으로 도움을 요청하자. 담임교사가 어린이집 내 놀이 상황에서 자연스럽게 친구들 놀이에 참여할 수 있도록 돕고, 친구들과 상호 작용하는 좋은 모델링을 아이에게 보여줄 수 있다. 이는 가정에서도 마찬가지다. 가정에서 아이가 부모와 즐겁게 노는 경험을 자주 가질 수 있도록 노력해야 한다. 많은 경험을 통해 친구들과 어울리는데 자신감이 생기고 친구들과 노는 방법을 자연스레 습득하게 된다. 무엇보다도 아이에게 부모의 변하지 않는 사랑과 격려를 보여줌으로써 아이가 건강한 자존감을 가질 수 있도록 하는 게 중요하다.

부모이기 때문에
자기 자신을 더 사랑해야 한다

이 책에서 가장 부모들에게 하고 싶은 말은 지금 이 부분에 응축되어 있다. 우리는 아이를 낳아 키워 유치원에 보내기까지 말도 안 통하는 아이를 붙잡고 이제까지 씨름해왔다. 부모이기 때문에 갖는 기쁨과 부모이기 때문에 겪어야 할 고통은 당사자가 아니면 아무도 모른다. 부모는 싱글일 때보다 더 빛나야 한다.

'나는 왜 이러고 사나' 라는 생각은 지금 당장 집어치우자. 그것보다는 자신을 위해 매일 하루 몇 분만이라도 시간을 만드는 게 더 현명하다. 나는 육아라는 이 어려운 과정을 훌륭히 수행해낼 능력이 있는 사람이라는 걸 스스로 깨닫고 자아존중감을 회복해야 할 것이다.

부모가 된다는 건 머리부터 발끝까지 다 바뀌는 것!

다섯 살도 안 된 아이를 그것도 아들로만 셋을 키우고 있는 헬렌은 아이들과 떨어져서 혼자 외출할 생각은 해보지도 못했다고 한다. 만약 우울한 블랙 유머를 나타내는 이모티콘이 있었다면 헬렌은 이 대목에서 그걸 썼을 것이다.

아이를 낳기 전과 낳고 난 다음은 이렇게도 많이 바뀐다. 그리고 '나'에 대한 개념도 완전히 바뀐다. 다시는 자기 자신을 찾지 못한다는 말이 아니다. 조금은 달라진, 아니 많이 달라진 모습을 받아들여야 한다는 뜻이다. 그리고 그건 하룻밤 사이에 되는 일이 아니다.

나의 조언은 작게 생각하라는 것이다. 할리우드 스타처럼 개인 요리사와 유모와 엄청난 액수의 은행계좌가 있는 삶으로의 극적인 변화를 꿈꾸지는 말라. 십대가 아닌 이상 엄마가 아이를 낳고 병원을 나서자마자 몸의 근육들이 원상회복되는 일은 일어나지 않는다.

이럴 때 좋은 방법은 사소한 변화를 통해 조금이라도 더 행복해지려고 노력하는 것이다. 여기저기서 5분씩 절약해서 시간을 내보자. 외식을 하고, 매니큐어를 바르고, 아무런 방해 없이 30분 동안 욕조에 몸을 담가보자. 이런 작은 일들이 삶을 완전히 바꿔놓기도 한다.

단 5분이라도 '나만의 시간'을 확보하자

엄마가 요령을 발휘해서 '나만의 시간'을 가질 필요가 있는 시점은 아이와 함께 집에 온 첫날부터다. 집안이 난장판이 되고 몸이 피곤하리라는 정도는 각오해야 한다. 설거지거리가 쌓여 있어도, 화초가 다 죽어가도, 내 모습이 괴물 같아 보여도, 아기가 제일 좋은 잠옷에 구토를 해도 스스로를 닦달하지 말자. 처음 두 달 정도는 정신이 하나도 없으리라는 사실을 인정하자. 그러고 나면 서서히 적응이 된다. 그리고 자신을 과대평가하지 말고, 누가 도와준다고 하면 무조건 받아들이자. 단 5분이라도 나만의 시간을 확보하자. 아이 선물 대신 하루만 아이를 봐달라고 부탁하는 것도 좋은 방법이다.

가능한 최대치의 에너지를 남편으로부터 끌어내는 것도 잊지 말라. 모유수유 과정에서 아빠들은 자기가 할 일이 없다고 여기기가 쉽다. 하지만 아빠들도 기저귀를 갈고, 유축해둔 모유를 먹이고, 집안일을 하고, 큰애를 돌보고, 아기 트림을 시키고, 엄마가 잘 때 아기를 데리고 산책하는 등 여러 가지 일을 할 수 있다. 특히 우울한 밤이면 그냥 옆에 있어주기만 해도 도움이 된다.

아기가 어릴 때는 '나'와 '아기'라는 작은 세계에만 정신을 집중해야 한다는 사실을 명심하자. 집안일은 잊어버려도 된다. 다른 사람들이 완전히 이해해 주고 절대 등 뒤에서 수군거리지 않는 시기는 이때밖에 없다. 그래도 몇 가지 집안일을 꼭 해야 한다면 가능한 한 쉬운 방법을 찾아서 하자. 예컨대 욕실이나 싱크대를 원래 쓰던 세제로 박박 닦는 대신 1회용 티슈클리너로 간단하고 빠르게 청소한다든지 하는 요령들을 부려라.

친구가 아기를 보러 놀러오겠다고 하면 기꺼이 오라고 하라. 대신 점심, 먹을거리, 외출해야만 먹을 수 있는 간식 등을 마구마구 요청하라. 가까운 친구들은 기쁜 마음으로 그렇게 해준다. 더 즐기고 싶다면 이틀에 한 명씩 최대한 늘여서 불러들여라. 주말에 시부모나 친정부모가 온다면 이 또한 최대한 즐겨라. '나는 지금 이게 필요해요.' 라고 말하는 엄마만이 아이와의 의사소통에도 성공할 수 있을 것이다.

아이가 잘 때 밀린 집안일을 하지 말라

아이가 어느 정도 자라서 걸음마를 시작할 무렵이면 부모에게는 자기만의 시간을 조금이나마 되찾을 여지가 생긴다. 이때가 바로 잠시 멈춰 서서 자기 자신의 모습과 배우자와의 생활을 돌아보며 자아정체성을 회복해야 할 시기다.

초보 부모에게 가장 부족한 건 시간이다. 이때부터 부모는 바쁜 일상 속에서 자기만의 시간을 만드는 연습을 해야 한다. 갓난아기와 함께 생활하는 동안에는 한꺼번에 긴 시간을 내려고 하지 말고 짧게 숨 돌릴 시간들을 찾아내자. 잠깐이라도 좋으니 정신적인 재충전을 하는 것이다. 친구들과 저녁 먹을 시간이 없다면 만나서 커피 한 잔만 하자. 낮잠 잘 시간이 없다면 아기가 요람 안에서 선잠이 들 때를 틈타 소파에서 베개를 베고 이불을 덮고 쉬자.

계획을 글로 써보는 방법도 좋다. 나만의 시간을 계획해서 달력에 표시해두자. 달력에 표시가 있으면 그날이 왔을 때 상황이 좋지 않더라도 계획대로 할 가능성이 높다.

현재의 상태에서 가장 좋은 '나'가 되자

아이를 낳은 첫날부터 아이가 어느 정도 자랄 때까지 계속되는 모든 어려움은 부모의 자아 존중감과 관련이 있다. 사실 자아 정체성을 찾는 데 도움이 되는 방법들은 세상에 널려 있다. 하지만 지금의 나는 어떤가? 직설적으로 말하자면 지금의 내 외모는 어떤가?

외모와 '섹스'에 관한 문제는 이제 막 부모가 된 사람들에게는 말 못할 고민거리다. 엄마와 아빠 모두에게 큰 영향을 미치지만 아이를 가지기 전에는 누구도 그 문제를 조심하라고 말해주지 않는다. 그 문제에 관한 진실을 남자들이 알게 되면 피임법이 따로 필요 없을 테니까.

출산 후 여자의 몸은 결코 예전과 같지 않다. 다시는 예전으로 돌아갈 수 없다. 만약 엄마가 나이가 어리고 몸매가 훌륭한데다 자기관리를 엄격하게 한다면 이전과 비슷해질 수는 있다. 그래도 몸의 이곳저곳이 변하고 살이 튼 자국이 남겠지만.

대다수의 평범한 엄마들은 살이 늘어지고, 축 처지고, 불룩해져서 마치 귀신 영화의 특수효과 팀이 한바탕 작업을 하고 간 것처럼 보일 것이다. 정말 우울한 사실이다. 출산 직후에는 내가 이런 손해를 보면서 이 아이를 낳았나 싶어 충격을 받는다. 이 시기에는 그냥 잘 버티는 수밖에 없다. 깨끗한 옷을 꺼내 입고 어제한 화장을 지울 정도만 되어도 훌륭한 것이다. 그러니 처음에는 기본적인 관리에만 집중하라.

나는 친정 엄마와 시간을 보내라고 충고하고 싶다. 상황이 허락하고 거리가 가깝다면. 친정 엄마 같은 사람은 이 지구상에 없다. 정말이다. 친정 엄마는 우리에게 예쁘다고 말해줄 사람이고 실제로도 그렇게 생각하는 사람이다. 엄마니까 당연히 그런 거라는 생각이 들긴 하겠지만. 그래도 내가 세상에 태어났을 때 지금의 나와 똑같이 끔찍한 기분에 젖었을 사람에게서 그런 말을 듣는 건 기분 좋은 일이다.

그러다 보면 놀랍게도 예전의 나와 비슷해지는 느낌이 들기 시작한다. 임신 전에 입었던 청바지를 다시 입을 수 있으리라는 상상도 가능해진다. 아직은 상상뿐이지만. 옷가게의 옷들에 다시 눈길을 주게 되고, 조금씩 다이어트를 하기도 하면서 몸이 '정상'으로 돌아갈 날을 꿈꾼다. 매력적인 몸으로…… 그리고 섹시하기까지 하면 더 좋고. 여기서 중요한 게 하나 있다. 현실적으로 생각하자. 이제 나는 엄마다. 예전의 '나'로 돌아가려 하지 말고 현재의 상태에서 가장 좋은 '나'가 되자.

나를 되찾을 수 있는 사람은 나 자신밖에 없다. 하지만 때로는 나 자신을 돌아보기 위해 주위 사람들의 도움을 받자. 나를 사랑하고, 예쁘게 봐주고, 지금의 내 모습과 내가 과거에 했던 일을 자랑스럽게 여기는 사람들이 하는 말에 귀를 기울이자. 그 사람들 말이 맞다.

이 책의 요지는 평범한 부모들이 아이를 키우면서 보고 듣고 느낀 이야기야말로 최고의 육아법이라는 것이다. 그러니 이 책에 소개된 조언에 귀를 기울여보라. 유용하게 써먹을 부분도 있고 그렇지 않은 부분도 있을 것이다. 다만 문제를 조금 더 쉽게 해결하는 방법이 항상 있다는 사실을 기억하자. 얼마 지나지 않아 여러분도 육아 전문가가 될 것이다. 행운이 있기를!

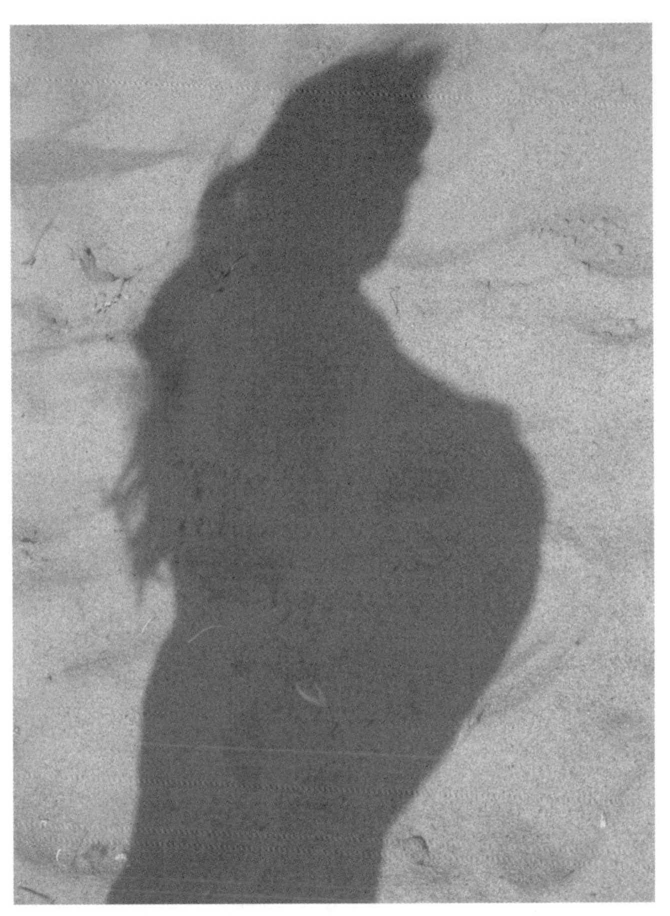